阅读成就思想……

Read to Achieve

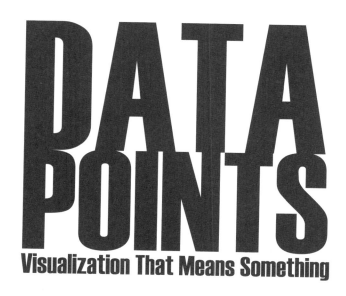

# Visualization That Means Something

# 数据之美
## 一本书学会可视化设计

〔美〕邱南森（Nathan Yau）◎著　　张伸◎译

中国人民大学出版社
·北京·

# 目　录

# 可视化是一种媒介

　　什么是好的可视化设计？如果只看光秃秃的原始数据，你可能会忽视掉某些东西。好的可视化是一种表达数据的方式，能帮助你发现那些盲点。你可以通过可视化展示的趋势、模式和离群值来了解自己以及身处的世界。最好的可视化设计能让你有一见钟情的感觉，你知道眼前的东西就是你想看到的。有时候，可视化设计仅仅只是一个条形图，但大多数时候可视化会复杂得多，因为数据本来就很复杂。

## 可视化让数据更可信

　　数据集犹如即时快照，能帮助我们捕捉不断变化的事物。数据点聚集在一起就形成了数据集合以及统计汇总，可以告诉你预期的收获。这就是平均数、中位数和标准差，它们用来描述世界各地以及人口的状况，并用来比较不同的事物。你可以去了解每个数据的具体细节。这就是所谓的数据集人性化，它会使数据更加可信。

　　从抽象意义上说，包含信息和事实的数据是所有可视化的基础。对原始数据了解得越多，打造的基础就越坚实，也就越可能制作出令人信服的数据图表。人们往往会忽略一点：好的可视化设计是一个曲折的过程，需要具备统计学和设计方面的知识。没有前者，可视化只是插图和美术练习；而没有后者，可视化就只是分析结果。统计学和设计方面的知识都只能帮助你完成数据图形的一部分。只有同时具备了这两种技能，你才可以随心所欲地在数据研究和讲故事两者间自如转换。

　　这本书是为那些对设计和数据分析过程感兴趣的人而写的。我们在每一章都介绍了通往可视化的一个步骤。在这里，可视化不只是剪贴画上大大的数字，而是向我们传递了数据的意义。可视化创作是一个迭代的过程，不同的数据集迭代周期不同。

本书第一部分主要帮助读者了解自己的数据，以及把数据可视化的意义。由于数据代表了一定的人物、地点和事物，所以除了真实的数字之外，还有重要的背景信息。数据是关于谁的？它从哪里来以及是什么时候收集的？虽然是计算机生成并输出数据，但我们也需要对这些由人处理的部分负责。除此之外，大部分数据集都是估算的，并不是绝对真实的，犹如人生一样，充满不确定性和可变性。

本书的中间部分，我们会带你进入探索模式。通过数据挖掘，你可以自由地提出问题并解答这些问题。你还可以寻找数据中的模式、关联以及所有看起来不大对劲的东西。由于拼写错误，经常会出现缺失值。你可以借此机会进行大量的实验，从不同角度观察数据。你可能会有一些意外的发现，也许最终这就是数据所能呈现的最有趣的东西。由于种种原因，人们往往会跳过探索阶段，这导致最终的成果往往让人难以理解。花一些时间去了解数据以及它们所代表的东西，能加倍提升可视化的效果。

当你找到了潜在的故事，接下来就要将其传达给更多的客户。这是本书的最后一部分，要用设计来美化一下。为 4 个熟悉该话题并且阅读过所有相关重要论文的人所做的图表，和为不熟悉这一话题的普通读者所做的图是不一样的。

这些步骤并非要按部就班地进行。如果你已经在和数据打交道了，那就会知道在研究已有数据时经常会发现需要新的数据。同样地，设计过程会迫使你看到之前没有注意到的细节，让你不得不重新回到探索阶段或者回到起点。如果你是新手，在阅读本书时就会了解到这个过程，并且你会自信能把从本书中学到的知识用到自己的项目中。在数据和故事间来回往返是很有趣的。

《数据之美》是对我的上一本书《鲜活的数据》的完美补充。《鲜活的数据》介绍了可视化设计可以使用的工具，提供了具体的编程示例；《数据之美》则描述了整个可视化的过程和思想，涉及更大的数据项目并且不涉及任何软件。换句话说，这两本书互为补充。《鲜活的数据》为准备制作图表的人提供了技术指南，而《数据之美》则描述了数据及其可视化的过程，以便帮助你创造出更好的、更有意义的东西。

# 可视化不只是一种工具

在本书中，我们将可视化看作是一种媒介，而非一种特定的工具。如果把可视化当成死板的工具，你很容易以为几乎所有的图形都比条形图好。对于大部分图表而言，确实如此，但前提是必须是在适合的条件下。譬如，在分析模式中，你通常会期望图表便于快速阅读且十分精确。但如果目标是激发感情和好奇心呢？可视化是一种表达数据的方式，是对现实世界的抽象表达。它像文字一样，为我们讲述各种各样的故事。报纸文章和小说不能用同一个标准来评判，同样，数据艺术也不能用商业图表的标准来衡量。

无论哪一种可视化类型都有其规则可循。这些规则并不取决于设计或统计数字，而受人类感知的支配。它们确保读者能准确解读编码数据。这样的规则很少，例如，当用面积作为视觉暗示时，要将面积按大小恰当地排序，其余的都只是建议。

你需要区分规则和建议。规则是应该时时遵循的，而建议则要具体分析，视情况而定是否采纳。很多初学者会犯这样的错误，遵循了具体的建议，结果丢失了数据的背景信息。例如，爱德华·塔夫特（Edward Tufte）建议剔除图表中所有的垃圾信息，但所谓的垃圾是相对而言的。一个图表中需要剔除的东西，在另一个图表中也许是有用的。正如塔夫特所说："大多数设计原则都应受到质疑。"

同样，统计学家威廉·克利夫兰（William Cleveland）和罗伯特·麦吉尔（Robert Mc-Gill）关于感知和精确度的研究成果也经常被人们引用。他们发现，在如散点图这样的常见图表中，位置信息是能被最精确解码的，接下来依次是长度、角度和斜率。这些结果是基于研究试验得出的，也有其他的研究支持，因此人们很容易把克利夫兰和麦吉尔的发现误当作规则。然而，克利夫兰也指出，好的图表不只是要能快速理解，还包括它显示的内容如何，以及它是否帮助你看到了之前没有看到的东西？

是时候回到值得可视化的数据上了。幸运的是，你有大量的数据可用，而且数据源始终在增长。过去几年里的每一个星期里，都会有一篇文章讲述数据洪流以及淹没其中的危险。但你知道，数据量是可控的，你可以轻松地筛选和聚集数据。数据存储费用越来越便宜，而且可以无限存储，这就意味着会"游泳"的人能得到更多的快乐。他们面临的挑战就是学习如何潜得更深。

好吧，我说得太多了，让我们来开始一段快乐的旅程吧。

第1章

你真的理解数据了吗

数据是什么？大部分人会含糊地回答说，数据是一种类似电子表格的东西，或者一大堆数字。有点儿技术背景的人会提及数据库或数据仓库。然而，这些回答只说明了获取数据的格式和数据的存储方式，并未说明数据的本质是什么，以及特定的数据集代表着什么。你很容易陷入一种误区，因为当你需要数据的时候，通常会得到一个计算机文件，你很难把计算机输出的信息看作其他任何东西。然而，透过现象看本质，就能得到更多有意义的东西。

## 数据表达了什么

数据不仅仅是数字。要想把数据可视化，就必须知道它表达的是什么。数据描绘了现实的世界。与照片捕捉了瞬间的情景一样，数据是现实世界的一个快照。

请看图 1—1，它和其他事物没有任何关联，我也没告诉过你关于这张照片的故事，如果你无意中看到了这张照片，那么在你看来，它只不过是一张普普通通的婚礼照片，你从中再也得不到更多的信息了。然而对我来说，它记录了我生命中最美好的时刻。照片里左边是我的妻子，穿着美丽的婚纱；右边是我，穿着和平时的 T 恤牛仔裤风格完全不同的正装。主持婚礼的牧师是我妻子的叔叔，这为婚礼增添了个性化色彩。他后面的那位家族世交承担了全程录像的重任，尽管我们也花钱雇请了一位专业摄影师。婚礼上的鲜花和拱门由距此一小时车程的一家当地供应商提供。婚礼是初夏时在加利福尼亚州洛杉矶举行的。

　　　　　　　　　图 1—1　　一张照片，一个数据点

　　仅仅一张照片就包含了如此多的信息。同样地，数据也会传递给我们大量的信息。（对一些人来说，包括我在内，照片也是数据。）一个数据点可以包含时间、地点、人物、事件、起因等因素，因此很容易让一个数字不再只是沧海一粟。可是从一个数据点中提取信息并不像看一张照片那么简单。你可以猜到照片里发生的事情，但如果对数据心存侥幸，认为它非常精确，并和周围的事物紧密相关，就会曲解真实的数据。你需要观察数据产生的来龙去脉，并把数据集作为一个整体来理解。关注全貌，比只注意到局部时更容易作出准确的判断。

　　想象一下，如果我没有告诉你那张照片背后的故事，你怎样才能知道更多的信息？看了婚礼前后其他的照片又会怎样呢？（见图1—2）

　　在图1—2中，你看到了更多的照片，这些照片组成了婚礼中的一个个环节，包括新娘第一次走出来，新人宣誓，以及向双方父母和我的奶奶敬茶等。同样，这里的每一张照片背后都有故事，例如，岳父把女儿交给我时热泪盈眶；我挽着新娘走过教堂走廊时感受到了巨大的快乐和幸福。这些照片捕捉到了婚礼中从我的视角无法看到的瞬间，因此看这些照片时，我甚至感觉自己也像你一样是一个局外人。我告诉你那天的故事越多，那天的情景就变得越清晰。

图 1—2　**相格**

尽管如此，这些毕竟只是一组快照，你不知道这些瞬间之外还发生了什么。（当然，你可以猜测。）想要完整地知道那天的事情，要么你得在现场，要么就只能去看视频了。即便如此，你也只能从有限的几个角度看到这场婚礼，因为通常不大可能拍摄到每一个细节。例如，当我们点蜡烛时，蜡烛却总是被风吹灭，这引起了大约 5 分钟的混乱。我们划完了所有的火柴后也没能点燃蜡烛，于是婚礼策划师到处寻找可以救急的东西。幸运的是，有一位吸烟的来宾贡献了打火机。照片却错过了这一幕，还是因为它们只是提取真实事物的一个个片段。

这是我们采样的方式，你不大可能记录下一切，因为成本太高或者缺少人力，或二者皆有。你只能获取零碎的信息，然后寻找其中的模式和关联，凭经验猜测数据所表达的含义。数据是对现实世界的简化和抽象表达。当你可视化数据的时候，其实是在将对现实世界的抽象表达可视化，或至少是将它的一些细微方面可视化。可视化是对数据的一种抽象表达，所以，最后你得到的是一个抽象的抽象，真是个有趣的挑战。

无论如何，这并不是说可视化模糊了你的视角。恰恰相反，可视化能帮助你从一个个独立的数据点中解脱出来，换一个不同的角度去探索它们。可以说是见树又见林。让我们继续说说婚礼照片这个例子。图 1—3 使用了完整的婚礼数据集，图 1—1 和图 1—2 里的照片只是它的子集。每一个矩形都代表我们婚礼相册中的一张照片。它们按时间顺序排列，每一张照片都用其中的主色调来填充。

按时间顺序排列照片，你可以发现婚礼的高潮处。婚礼的高潮处摄影师拍了很多照片。你也可以看到相对平静的时候，只有很少几张照片。图中的几个高峰，毫无疑问都发生在一些重要的时刻，例如，我第一次看到新娘身穿婚纱走出来，还有婚礼刚开始的时候。之后，我们与亲朋好友合影，因此图中出现了另一个高峰。接下来是宴饮时间，略显平静，尤其是摄影师在 4 点前短暂休息的时候。然后，婚礼又开始大张旗鼓地继续进行，直到晚上 7 点左右才结束。之后，只留下我和妻子在夕阳的余晖中相依相偎。

由于照片是线性呈现，在相格（grid layout）中就看不到上述的模式。所有的事情看上去都等距发生，而实际上大部分照片是在最激动人心的时刻拍摄的。扫一眼也能大致领略到婚礼中的颜色，黑色的是西装，白色的是婚纱，花童和伴娘身着珊瑚色礼服，整个婚礼现场和签到台则被绿树环绕着。你能从中得到和看真实照片一样多的细节吗？不能，但在一开始往往没必要了解那么多细节。有时候你需要先看看总体模式，然后再放大细节。有时候只有在了解了整体以及一个独立点与整体之间的关系后，才能知道它是否值得细看。

## 婚礼的颜色

每一个矩形都代表婚礼中的一张照片，每张照片都用其最丰富的颜色填充。

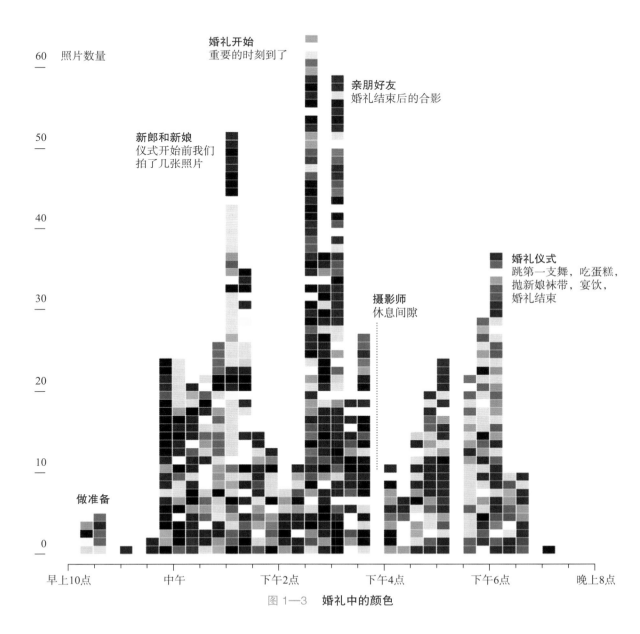

图 1—3　婚礼中的颜色

其实你可以跳出来换个角度，只去关注照片数，而暂时忽略那些颜色和一张张独立的照片。如图 1—4 所示，可能你以前看过这样的图表。它是条形图，显示了与图 1—3 一样的高峰和低谷，但是它给人的感觉不一样，提供了不同的信息。这个简单的条形图强调了每 15 分钟拍摄了多少张照片，而图 1—3 仍带有相册的感觉。

有一个重要的事实需要注意，这四个视图显示的数据相同。更确切地说，它们都描绘了我结婚那天的情景。每一张图表都用不同的方式从婚礼的各个方面展现了那一天的情景。对数据的诠释可以随着它所呈现的视觉形式而改变。对于传统的数据，通常用条形图进行考察和研究，但那并不意味着你必须失去每一张照片里所包含的感情。有时候，你需增加注解以便读者能更好地理解数据，而有时候数字传达的信息则是清晰的，可以从可视化图表中直观地获得。

数据和它所代表事物之间的关联既是把数据可视化的关键，也是全面分析数据的关键，同样还是深层次理解数据的关键。计算机可以把数字批量转换成不同的形状和颜色，但是你必须建立起数据和现实世界的联系，以便使用图表的人能够从中得到有价值的信息。

有时候很难找到这个关联，比如，当你在研究涉及成千上万陌生人这样的大规模数据时。当研究一个个体时，这种关联就明显多了。你甚至可以直接联系那个人，即使你从来没有见过他。例如，来自波特兰的软件开发者亚伦·帕拉茨基（Aaron Parecki）在 2008 年到 2012 年的三年半时间里用手机收集了 250 万个 GPS 坐标位置，每 2 ～ 6 秒就记录一个坐标点。图 1—5 是这些坐标点的地图，不同颜色代表不同的年份。

如你所期望的，这张地图显示出了帕拉茨基经常出入的那些道路和区域的颜色比其他地方要亮。他搬了几次家，你可以看到他的出行模式每年都在变。2008 年到 2010 年期间，他的出行路线（蓝色）很分散。到了 2012 年，黄色路线显示帕拉茨基看上去像是活动在几个紧挨在一起的很小的区域里。因为没有更多的背景介绍，所以你很难再说出其他信息，因为你所看到的仅仅是地理位置。但是对帕拉茨基来说，这些数据更具有个人色彩，就像那张婚礼照片对于我一样。它是三年多时间里一个人在一个城市里的足迹。因为帕拉茨基有原始的记录，有时间信息，他可以基于这些数据做出更好的决定，比如什么时候去上班最好。

然而，如果在个人的时间和地理位置信息上附加更多的信息将会怎样？如果在记录你身处何处的同时，也记下了在某些指定的时刻发生了什么，又将会怎样？这就是艺术家蒂姆·克拉克（Tim Clark）在 2010 年到 2011 年间完成的"习惯图集"（Atlas of the Habitual）项目。像帕拉茨基一样，克拉克用 GPS 设备记录了他在 200 天里的地理位置信息。在这 200 天里，他跨越了几乎整个佛蒙特州本宁顿，行程大约 3 200 千米。之后克拉克根据回忆，按年份标注出具体的行程和共处的人。

**各时间段的照片数**

　　我们的摄影师在具有纪念意义的时刻抓拍了更多的照片，因而产生了一个 15 分钟 63 张照片的峰值。

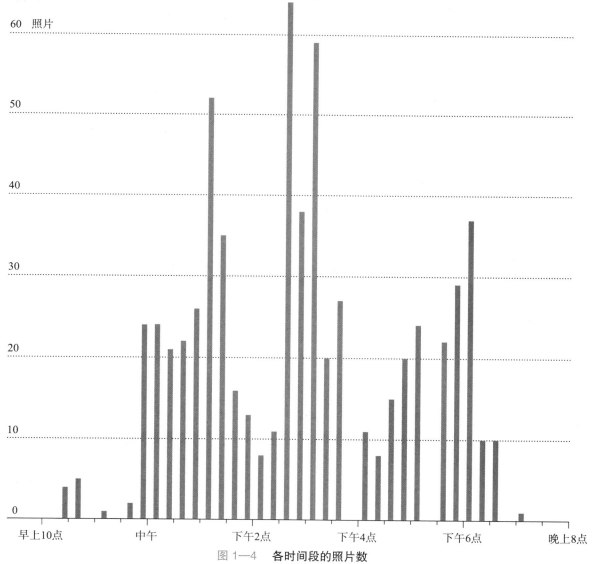

图 1—4　　各时间段的照片数

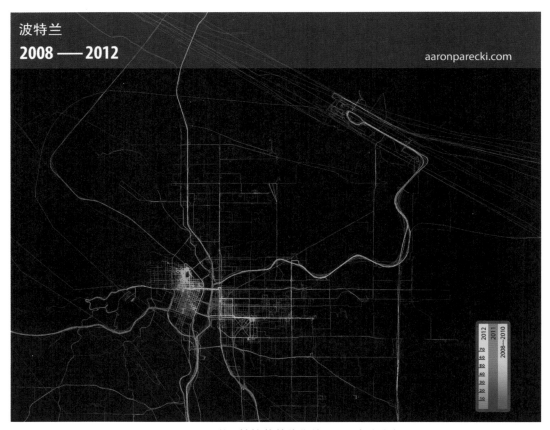

图 1—5　亚伦·帕拉茨基收集的 GPS 追踪信息

　　如图 1—6 所示，带有可点击的分类标签和时间框架的地图集展示了他在 200 天里的活动足迹，看上去像是一本日记。选择"跑腿"，可以看到注解："日常活动，或跑步去杂货店，或每周日开车到 48 千米外的南佛蒙特州唯一一家自行车店。"他的足迹基本停留在本镇，只有两条路线长长地伸向了远方。

　　还有一个条目叫"重温分手"。克拉克写道："我搬家前相处了很久的女友立刻和我分手了，这里记录了我从情感挫折中逐渐走出来的那段时光。"图中出现了两条小路，一条在市区内，一条在郊外。这个数据突然变得非常私人化。

　　这可能是量化生活（Quantified Self）[①]运动背后的诉求，其目标在于结合技术手段来收集与人们的活动和习惯有关的数据。有些人会追踪自己的体重、饮食以及就寝时间等相关信

——————————
①　一种将科学技术引入日常生活中的技术革命。——译者注

息。他们的目标通常是活得更健康，更长寿。也有一些人追踪更多的数据仅仅是为了比照镜子能更多地了解自己。收集个人数据变成了像一天结束时用来自我反省的日记一样的东西。

尼古拉斯·费尔顿（Nicholas Felton）[1]因其个人年度报告而成为这个领域里的知名人物。这些个人年度报告彰显了费尔顿的设计天赋和在个人数据收集上的严谨性。除了地理位置，他还持续追踪了每年他相处的人、吃饭的地方、看的电影、读的书以及其他大量的信息。图1—7是费尔顿2010年到2011年的个人年度报告中的一页。

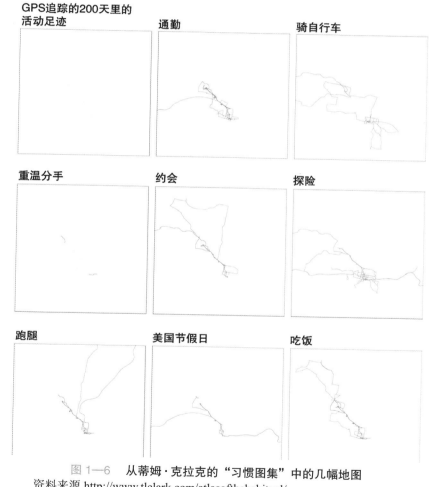

图 1—6　从蒂姆·克拉克的"习惯图集"中的几幅地图
资料来源 http://www.tlclark.com/atlasofthehabitual/

---

① 尼古拉斯·费尔顿是 Daytum.com 的创始人之一，目前是 Facebook 产品设计团队的成员。——译者注

# With Olga

EVERYWHERE

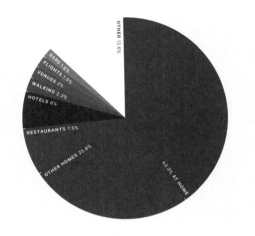

OTHER 12.6%

BARS 1.6%
FLIGHTS 1.9%
VENUES 2%
WALKING 2.3%

HOTELS 6%

RESTAURANTS 7.5%

OTHER HOMES 25.8%

40.3% AT HOME

# With Olga

IN THE BAY AREA

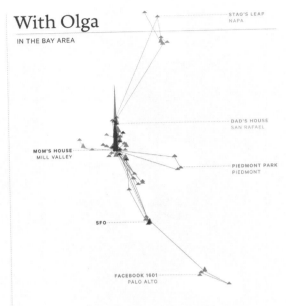

STAG'S LEAP
NAPA

DAD'S HOUSE
SAN RAFAEL

MOM'S HOUSE
MILL VALLEY

PIEDMONT PARK
PIEDMONT

SFO

FACEBOOK 1601
PALO ALTO

---

**DAYS TOGETHER**

## 191¼

315 different encounters

**MOST TIME SPENT TOGETHER**

MANHATTAN — 83¼ DAYS

BROOKLYN — 51¼ DAYS

MILL VALLEY — 9 DAYS

ANCHORAGE — 7¼ DAYS

SYDNEY — 4¼ DAYS

**MOST VISITED PLACE TOGETHER**

## Old Apartment

194 visits

**DIFFERENT CITIES VISITED TOGETHER**

## 56

In 3 countries, 9 states and Washington D.C.

**FAVORITE BEVERAGES WITH OLGA**

FILTER COFFEE — 111 SERVINGS

RED WINE — 78 SERVINGS

DALE'S PALE ALE — 35 SERVINGS

CHAMPAGNE — 30 SERVINGS

LATTE — 26 SERVINGS

---

**TIME TOGETHER**

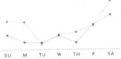

SU  M  TU  W  TH  F  SA

**BRIEFEST MONTH TOGETHER**

## June 2011

40¾ hours

**MOST CONSECUTIVE HOURS TOGETHER**

## 247

Australia trip — February 2010

**TIME SPENT WITH OLGA AND…**

SARAH — 6¼ DAYS

MOM — 6¼ DAYS

BRIAN — 5¾ DAYS

OLGA'S MOM — 5 DAYS

RYAN — 4½ DAYS

**WEDDINGS ATTENDED TOGETHER**

## Seven

Aaron & Jessica, Charlie & Bret, Glenn &
Mariana, Lewis & Ange, Randy & Allison,
Rob & Elise and Toby & Harriet

---

**DAYS TOGETHER IN THE BAY AREA**

## 13½

Approximately 7% of total time together

**BAY AREA PLACES VISITED TOGETHER**

## 77

18 stores, 13 restaurants, 10 homes, 6 outdoor
places, 3 coffee shops, 3 grocery stores, 2 airport
terminals, 2 bars, 2 gas stations, 2 hospitals,
2 hotels, 2 liquor stores, 2 parking garages,
2 parking lots, a cinema, a deli, a drug store,
a laundromat, a library, a museum, a park
and work

**FAVORITE BAY AREA BOTTLESHOP**

## Vintage Wine & Spirits

Visited twice

**FAVORITE BAY AREA BEER WITH OLGA**

## Lagunitas IPA

5 servings

**BAY AREA MUSEUMS VISITED TOGETHER**

## The Exploratorium

With Marina — July 9, 2011

**MOST PLAYED ARTIST TOGETHER**

## The Beach Boys

25 songs listened to from *Christmas with the
Beach Boys*

---

**TIME TOGETHER IN THE BAY AREA**

2010          2011

**MOST FREQUENTED CITY TOGETHER**

## Mill Valley

68% of time in the Bay Area

**MOST VISITED BAY AREA PLACES**

MOM'S HOUSE — 35 VISITS

MARIN GENERAL HOSPITAL — 6 VISITS

CHEVRON MILL VALLEY — 5 VISITS

SFO INTERNATIONAL TERMINAL — 4 VISITS

DAD'S HOUSE — 3 VISITS

**CRISES INVOLVING A TICK**

## One

Spotted by Olga, removed by Mom

**MOST VISITED RESTAURANTS TOGETHER**

## Le Garage, Picante and Sushi Ran

Each visited twice

图 1—7　尼古拉斯·费尔顿 2010 年到 2011 年年度报告中的一页（http://feltron.com）

# With Olga

IN NEW YORK CITY

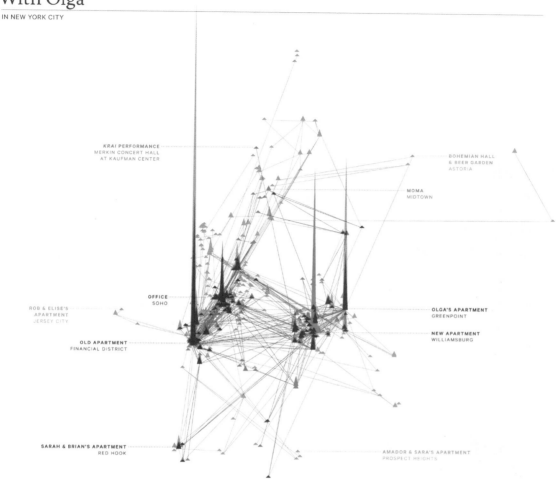

KRAI PERFORMANCE
MERKIN CONCERT HALL
AT KAUFMAN CENTER

BOHEMIAN HALL
& BEER GARDEN
ASTORIA

MOMA
MIDTOWN

OFFICE
SOHO

ROB & ELISE'S
APARTMENT
JERSEY CITY

OLGA'S APARTMENT
GREENPOINT

NEW APARTMENT
WILLIAMSBURG

OLD APARTMENT
FINANCIAL DISTRICT

SARAH & BRIAN'S APARTMENT
RED HOOK

AMADOR & SARA'S APARTMENT
PROSPECT HEIGHTS

---

DAYS TOGETHER IN NEW YORK CITY

# 136¾
Approximately 72% of total time together

MOST VISITED NYC PLACES

**OLD APARTMENT** — 194 VISITS

**OLGA'S APARTMENT** — 84 VISITS

**NEW APARTMENT** — 67 VISITS

**THE OFFICE** — 35 VISITS

**TAKAHACHI TRIBECA** — 21 VISITS

TIME TOGETHER IN NEW YORK CITY

2010          2011

TIME IN NEW YORK SPENT WITH OLGA

# 31%
5% of time together spent in transit

MOST VISITED NYC RESTAURANTS

**TAKAHACHI TRIBECA** — 21 VISITS

**LES HALLES ON JOHN STREET** — 9 VISITS

**DINER / ENID'S** — 7 VISITS

**MILLER'S TAVERN / FIVE LEAVES** — 6 VISITS

**RABBIT HOLE** — 5 VISITS

FAVORITE NYC COCKTAIL WITH OLGA

# Bloody Mary
22 servings

NYC PERFORMANCES WITH OLGA

# Twenty-Eight
Bell (11), Bear in Heaven (3), Baths + How to
Dress Well + Zola Jesus, Blonde Redhead +
Pantha du Prince, Dexter Lake Club Band, Jason
Nazary, Knights on Earth, Olga Bell *Krai*, Little
Women, Nathan Fake + Four Tet, Now Ensemble
+ Matmos, Owen Pallett, Panda Bear, Pierre-
Laurent Aimard, Sleigh Bells and *The Nose*

SIGNIFICANT NYC MISHAPS

# Five
Abandoned keyboard stand, muddled dinner
invitation date, missed ferry, shattered martini
glass and smashed iPhone

2005 年费尔顿设计了他的第一本年度报告，从那以后每年出一本。每一本都是那么漂亮，让人爱不释手，也满足了人们窥探陌生人生活的奇怪欲望。然而，我觉得最有趣的是，他的报告逐渐暴露了越来越多的私生活，数据也越来越丰富。看看他的第一份报告，如图1—8 所示，你会发现它看上去更像是一本融入了费尔顿个人色彩的设计习作，实际上它说的是数字。随着时间的推移，这些数据变得越来越像是一本本日记，而不再只是单纯的报告。

图 1—8　尼古拉斯·费尔顿 2005 年年度报告中的几页

资料来源：http://feltron.com

这个特点在 2010 年的年度报告中表现最为明显。这一年费尔顿的父亲去世,终年 81 岁。设计这本年度报告时,费尔顿没有总结自己,而是通过整理日历、幻灯片、明信片以及父亲的其他私人物品,把父亲的一生进行了分类编目,如图 1—9 所示。同样,对我们而言,尽管它记录的是陌生人的信息,但我们还是很容易从深红的数字中感受到制作者的情感。

看着这样的作品,我们很容易就能理解个人数据对每个人的价值。或许,收集关于自己的八卦也未尝不可。这些信息现在也许没有什么用,但十年后可能就会大有用处。就像偶然翻出小时候的日记一样,记忆是有价值的。如果你在用社交网络,如 Twitter、Facebook、Foursquare,那么你已经在以各种方式记录生活中的点滴信息了。一次状态的更新或者一条微博的发布,就像是在显示任意时刻你正在做什么的迷你快照一样。一张带有时间痕迹的能与人分享的照片在多年以后可能会有更多的意义,而每一次登录网站更是把你的数字世界和现实生活牢牢地捆在了一起。

想必你已经明白数据对于一个人的价值是什么了。那么,研究许多人的数据集将会怎样呢?美国人口普查局(United States Census Bureau)每十年统计一次美国的人口,这个数据对于国家分配拨款是很有帮助的。随着一次次的人口普查,从人口的波动也可以发现人们在国内迁移的规律、社区组成的改变以及各地区的扩张和萎缩情况。总之,人口数据描绘了一幅美国众生图。然而,政府统计和维护的这些数据,也就只能透露这么多信息了,从中你无法得知数据代表的实际上是哪些人。比如,他们喜欢什么?讨厌什么?他们的性格怎样?相邻的城镇间差异大不大?

媒体艺术家罗杰·卢克·杜布瓦(Roger Luke DuBois)通过发起一个叫做"超完美联盟"(A More Perfect Union)[①]的项目,用在线交友网站上的 1 900 万个个人简介做了一个完全不同的调查。当加入一个在线交友网站时,你必须先介绍自己,说清你是谁、你的籍贯以及兴趣爱好等。硬着头皮填完这些信息后(也许选择了不公开其中的部分信息),你会描述理想中的伴侣。用杜布瓦的话来说,这最后几句才是实话。而前面的那些,你多多少少撒了些谎。因此,汇总了人们的在线交友个人简介后,得到的是人们如何看待自己与希望自己在他人眼中的形象相结合的信息。

在"超完美联盟"里,杜布瓦把在线交友信息进行分类,借用邮政编码将人们的希望和梦想数字化,然后找出每个地区最独特的关键词。在兰德·麦克纳利地图(Rand McNally

---

① 杜布瓦从人们发布在交友网站上的简介中提取一些词,然后在地图上标注他们,最终得到了一个全国范围的视图。——译者注

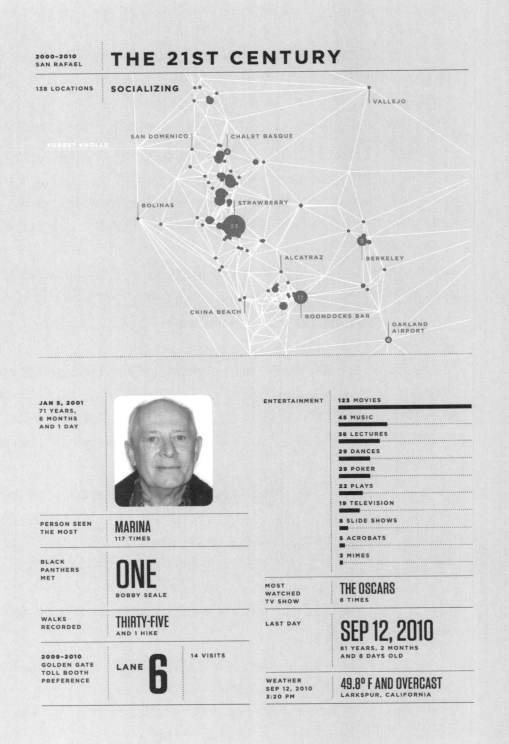

图 1—9　尼古拉斯·费尔顿 2010 年年度报告中的几页

资料来源：http://feltron.com

# BOOKS

## DATE PUBLISHED

FICTION

NON-FICTION

REFERENCE

1840    1870    1900    1930    1960    1990

---

BOOKS

# 561

SPANNING 161 YEARS

MOST REPRESENTED AUTHOR

## MARTIN GILBERT
5 BOOKS

TYPES OF BOOKS

88 TRAVEL
77 HISTORY
42 MACHINES
37 GEOGRAPHY
32 ENCYCLOPEDIA
26 RELIGION
23 HEALTH
23 NOVEL
22 SCIENCE
17 HOW-TO

BIOGRAPHIES

# 8
FROM ARMSTRONG TO STALIN

---

MEDIAN PUBLISHING DATE

# 1983
11 BOOKS

REGION WITH MOST TRAVEL BOOKS

## RUSSIA
6 BOOKS

TRAVEL BOOKS FOR UNVISITED PLACES

# SIX
AUSTRALIA, ICELAND, GREENLAND, IRAN, PAKISTAN AND VENEZUELA

COOKBOOKS

# FIVE

WAR-RELATED BOOKS

# 51
35 BOOKS ABOUT WORLD WAR 2

ELEVATOR BOOKS

## TWELVE
1941–1991

HOW-TO TOPICS

# FOURTEEN
BICYCLES, CLEANING, CROSS COUNTRY SKIING, DOING EVERYTHING RIGHT, HANDICRAFT, HOME REPAIR, PEST CONTROL, PHOTOGRAPHY, PREVENTING AND SURVIVING FIRES, SAILING, SURVIVAL AND TAI CHI

Map）上，用每个城市独特的关键词替换城市名，就会得到一幅非常特别的、个性化的、易辨认的美国地图。

如图 1—10 所示，在加利福尼亚州南部那个电影胜地，出现的是类似"表演"、"编剧"和"娱乐业"这些词。而在华盛顿特区，关键词则是"官员"、"党派"、"民主"，如图 1—11 所示。这些都是和职业相关的，也有些地区出现的词与个人的特性、最爱的事物以及重大事件有关。

图 1—12 中的路易斯安那州，映入眼帘的是"卡津"（Cajun）[1]、"弯道"[2]、"小龙虾"、"波旁威士忌"以及"秋葵浓汤"。但在新奥尔良，最独特的关键词则是"洪水"，这是受 2005 年卡特里娜飓风的影响。

人们通常被用类似种族、年龄、性别等人口统计学数据来划分，但他们自身更喜欢用业余爱好、经历以及打交道的人等来标识自己。"超完美联盟"的最伟大之处就是你可以看到全国范围内这样的数据。

这一点也可以从费尔顿的报告、克拉克的地图集以及帕拉茨基的 GPS 追踪的信息中得到印证。数据点就是人的回忆，而报告就如同肖像和日记。统计学专家和开发人员把这叫作分析，而艺术家和设计者则称其为讲述。就从数据中提取信息以理解数据表达了什么来看，分析和讲述其实是一回事。数据会因其可变性和不确定性而变得复杂，但放入合适的背景信息中，就会变得容易理解了。

## 数据的可变性

在德国的一个小镇，物理学家兼业余摄影师克里斯蒂安·克维塞克（Kristian Cvecek）经常晚上带着相机到森林里，用长时间曝光摄影，抓拍萤火虫在树丛中飞舞的情景。如图 1—13 所示，这种昆虫特别小，在白天几乎看不见，但是在晚上，除了树林里，又很难在别的地方看到。

虽然对观察者来说，萤火虫飞行中的每个时刻都像是空间中随机的点，但克维塞克的照片中还是出现了一个模式。如图 1—14 所示，看上去萤火虫们好像沿着小径，环绕着大树，朝既定的方向飞舞。

---

[1] 卡津人是法裔加拿大人的后裔，现定居路易斯安那州南部地区。——译者注
[2] 密西西比河在该州内多弯道。——译者注

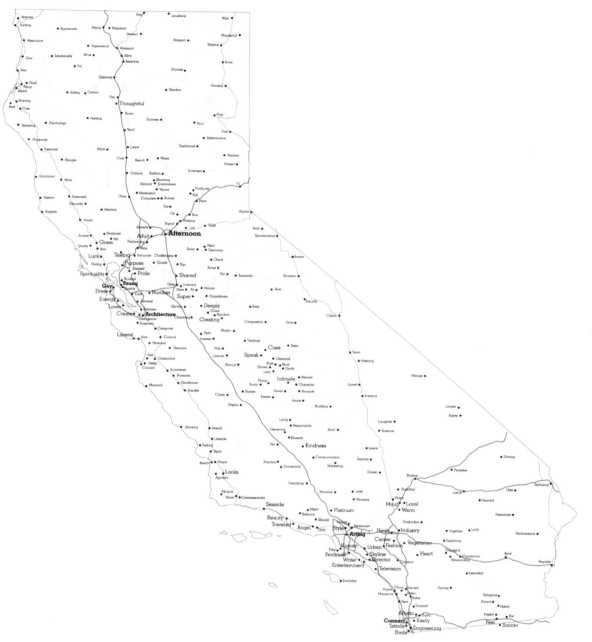

图 1—10　罗杰·卢克·杜布瓦的"超完美联盟"中的加利福尼亚州地图（2011）
资料来源：http://perfect.lukedubois.com

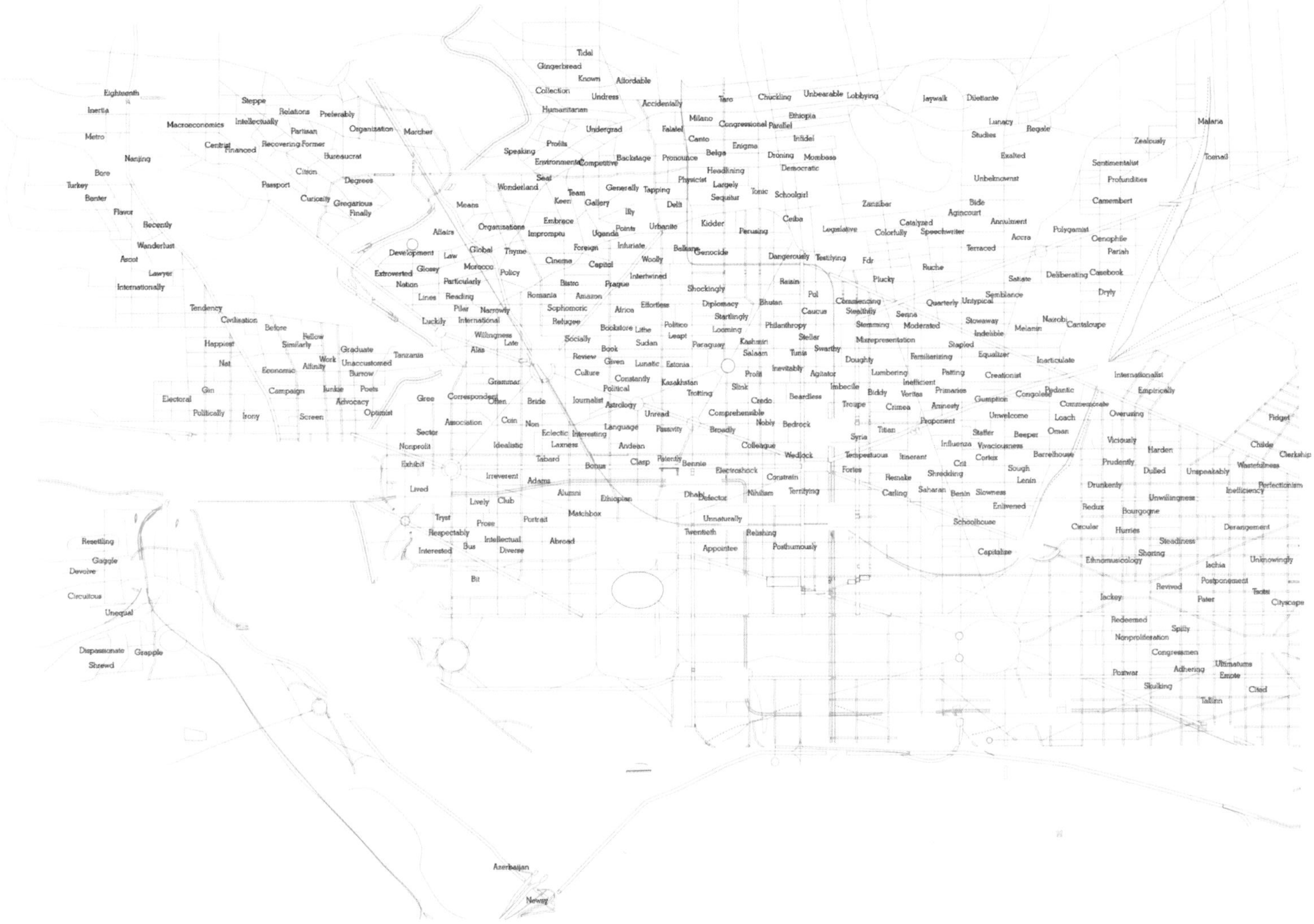

图 1—11 "超完美联盟"中的华盛顿特区地图（2011）

图 1—12    "超完美联盟"中的路易斯安那州地图（2011）

　　然而，这些依然是随机的。下一次你可以根据这条飞行路线图猜测萤火虫会往哪儿飞，但是你能肯定吗？一只萤火虫随时可以上下左右地飞窜，这种变化使得萤火虫的每次飞行都是独一无二的。也正因为如此，观察萤火虫才那么有趣，拍出来的照片才那么漂亮。你关心的是萤火虫飞行的路径，它们的起点、终点和平均位置并没有那么重要。

　　从这些数据中，我们可以发现一些模式、趋势和周期，但从 A 点到 B 点往往都不是一条平滑的线路（实际上，几乎从来都不是）。总数、平均值和聚合测量可能很有趣，但它们都只揭示了冰山一角而已。数据中的波动才是最有趣、最重要的部分。

图 1—13　　克里斯蒂安·克维塞克拍摄的黑夜中的萤火虫

资料来源：http://quit007.deviantart.com/

从 2001 年到 2010 年，根据美国国家公路交通安全管理局（National Highway Traffic Safety Administration）发布的数据，全美共发生了 363 839 起致命的公路交通事故。毫无疑问，这个总数是那么地沉重，它代表着逝去的生命。把所有的注意力放在这个数字上，如图 1—15 所示，能让你深思，甚至反省自己的一生。

然而，除了安全驾驶之外，从这个数据中你还学到了什么？美国国家公路交通安全管理局提供的数据具体到了每一起事故及其发生的时间和地点，你可以从中了解到更多的信息。

在图 1—16 的地图中，画出了 2001 年—2010 年间全美国发生的每一起致命的交通事故，每一个点都代表一起事故。不出所料，事故多集中发生在大城市和高速公路主干道上，而人烟稀少的地方和道路几乎没有事故发生过。此外，这幅图除了告诉我们对交通事故不能掉以轻心之外，还告诉了我们关于美国公路网络的情况。

观察这些年里发生的交通事故会把关注焦点切换到这些具体的事故上。图 1—17 显示了每年的交通事故数，所表达的内容与单告诉你一个总数完全不同。虽然每年仍会发生成千上万起交通事故，但 2006 年到 2010 年间呈显著的下降趋势，而每一亿千米行驶里程的死亡率也有所下降（图 1—17 中并未显示）。

图 1—14　克里斯蒂安·克维塞克的"萤火虫之路"

资料来源：http://quit007.deviantart.com/

图 1—15　2001 年—2010 年全美交通事故总数
资料来自：美国国家公路交通安全管理局

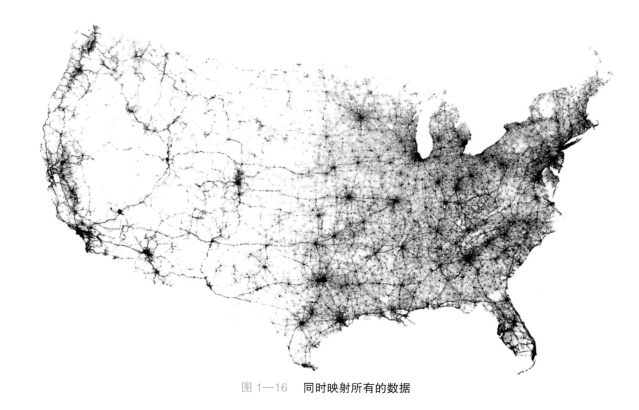

图 1—16　　同时映射所有的数据

从图 1—18 中可以看出，逐月来看，交通事故发生的季节性周期很明显。夏季是事故多发期，因为此时外出旅游的人较多。而在冬季，开车出门旅行的人相对较少，事故也就会少很多。每年都是如此。同时，还可以看到 2006 年到 2010 年呈下降趋势。

如果比较那些年的具体月份的话，还是有一些变化的。例如，在 2001 年，8 月份的事故最多，9 月份相对回落。从 2002 年到 2004 年每年都是这样。然而，从 2005 年到 2007 年，每年 7 月份的事故最多。从 2008 年到 2010 年又变成了 8 月份。另一方面，因为每年 2 月份的天数最少，事故数也就最少，只有 2008 年例外。因此，这里存在着不同季节的变化和季节内的变化。

接下来，让我们更加详细地观察每日的交通事故数，如图 1—19 所示，从中我们可以看到更大的变化，但并非都是干扰信息。我们仍然可以看出高峰和低谷的模式。虽然很难发现季节规律，但是可以看出周循环周期，就是周末比周中事故多。每周的高峰日在周五、周六和周日间波动。

我们可以继续增加数据的粒度，即观察每小时的数据。图1—20中的每一行即代表一年，因此横坐标中的每个单元格就显示了那个月份中的小时时间序列。

除了新年午夜时分的异常高峰，很难在这个级别找出变化的模式。实际上，如果你不知道自己在寻找什么，那么月度图表也会难以理解。当然，如果你聚合数据，就能看到清晰的模式，如图1—21所示。聚合数据只显示特定时间段的情况，而不是完整显示每个小时、每一天或每个月的情况，你就可以很好地研究数据的分布。

之前难以分辨的，或看上去像干扰信息的，现在就很容易看清楚了。早上上班高峰期事故数有一个很小的上扬，但大多数致命的交通事故都发生在晚上。就像你在图1—19中看到的，周末的事故更多，但这个图看上去更清楚。最后，你可以更清楚地看到季节模式，夏天的事故数远多于冬天。

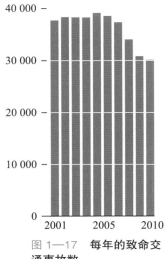

图1—17 **每年的致命交通事故数**

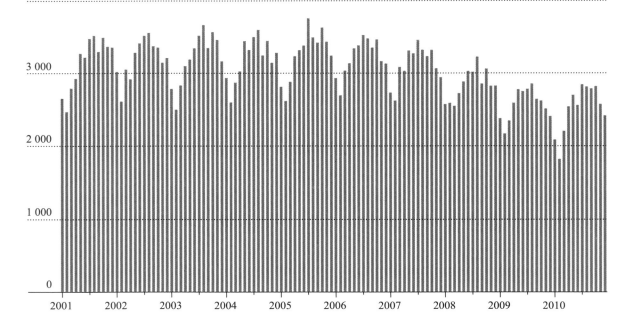

图1—18 **月度致命交通事故数**

重要的是，查看这些数据比查看平均数、中位数和总数更有价值，那些测量值只是告诉了你一小部分信息。大多数时候，总数或数值只是告诉了你分布的中间在哪里，而未能显示出你做决定或讲述时应该关注的细节。

一个独立的离群值可能是需要修正或特别注意的。也许在你的体系中随着时间推移发生的变化预示有好事（或坏事）将要发生。周期性或规律性的事件可以帮助你为将来做好准备，但面对那么多的变化，它往往就失效了，这时应该退回到整体和分布的粒度来进行观察。

如果盲目走得离数据太远，你就会失去这些信息以及其中有趣的地方。不妨这样想，当你回顾自己的一生，你是更希望想起平常日子里通常每一天都是怎么过的，还是想起让你最兴奋的或最沮丧的一天？我敢说一定是两者的结合。

## 数据的不确定性

大部分数据是估算的，并不精确。分析师会研究一个样本，并据此猜测整体的情况。然而，这样的猜测具有不确定性。每天你都在做这样的事情。你会基于自己的知识和见闻来猜测，而且大多数时候你确定猜测是正确的。你真的全都正确吗？还是几乎一无所知？数据也是这样的。

工科兼统计学辅修毕业后，在读研究生之前，我有9个月的空闲时间。我找了几份兼职工作，赚取的是最低工资，而且工作非常单调乏味，因此我的思绪自然就常常飞到那些有趣的事情上。

有一天，我在想："嘿，我有统计学和概率的知识，还有一副扑克牌，我要成为一名21点高手，像那些麻省理工学院的孩子们一样。忘掉这些愚蠢的工作吧，我要发财了！"之后整整一个月里，我完全沉迷于21点的游戏中。（毫无疑问，我没有发财，而这个游戏也不像在电影里看上去那样有趣。）如果你不熟悉这个游戏，那就让我来快速简单介绍一下。

在21点游戏中，有一名庄家和一名玩家，庄家给每个人发两张牌（其中一张面向下盖住），目标是让牌面总和尽可能接近21点，而不能超出。你可以选择继续要牌，或者停牌。有时候，你可以把两张牌分成两副单独的牌（分牌），好像两只手单独在玩，也可以双倍下注。下注越多，赢得越多。如果点数超出21点，你就输了。如果没超出，轮到庄家要牌或停牌时，接近21点的赢。

**小贴士：** 把数据当作绝对真理来看是诱人的，因为我们把数值和事实联系在了一起。但数据往往只是有根据的推测。你的目标就是使用没有太多不确定性的数据。

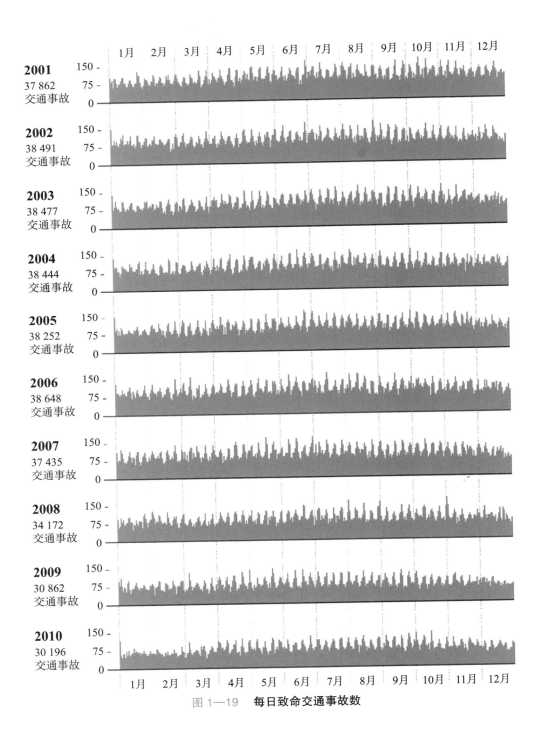

图 1—19    每日致命交通事故数

根据游戏的设计，庄家有优势，但当你要牌或停牌的时候，你可以削弱庄家的优势。规则的设计是基于平均情况，但每一个玩过21点的人都会对你说，每手牌都存在着不确定性。即便你做了正确的选择，你还是有可能输。例如，假设你拿到了一张5和一张6，总和是11点。庄家的明牌是6。正确的选择是双倍下注，因为再要一张牌不会爆掉，而且很可能得到21点。而庄家很有可能在有一张明牌是6的情况下爆掉。

于是你双倍下注，然后拿到一张3，总点数是14。哎哟，情况不太妙。你唯一的希望就是庄家爆掉。接下来庄家翻开他的暗牌，是10，总点数是16。按照规则，他必须要牌，是一张5。庄家总点数：21点。你输了。

如果你没有双倍下注，相比正确的选择，就只会输一半的钱。如果真的这么容易就能赢，赌场也就不会费尽心机把这个游戏放在显眼的位置了。

每手牌都是不确定的，因为你这是在和统计分布比赛。更确切地说，你只知道发牌的近似概率。你可能知道那副牌里还有些什么牌，但是你只能猜测下一张会是什么牌。

当然，除扑克牌外，其他事情也有不确定性，且表现形式各异。就拿天气来说，不知有多少次当你为第二天或下一周旅行查询天气情况后，到头来却发现预报完全不准。

汽车仪表在告诉你油箱里剩下的油还能开多远方面表现又如何呢？有一次我和妻子出去办事，回程时仪表显示我大概能开26千米，但此时离家还有29千米。真是进退两难。我没有去最近的加油站，而是向离家最近的加油站开去，最后3千米仪表一直显示剩余0千米。但我们顺利开到了家。

多次称体重，可能会读到不同的数，尽管通常来说几秒钟的呼吸不会导致体重增加或减少；虽然只过去了几分钟，但你的笔记本电脑上的电池寿命估计会按小时增量跳动；地铁预告说下一班车将会在10分钟内到达，但实际上是11分钟，预计在周一送达的一份快件往往周三才到。

**小贴士：** 如果你能记牌，发挥你的优势调整赌注，那么概率就会改变，但是不确定性依然存在。

如果你的数据是一系列平均数和中位数，或者是基于一个样本群体的一些估算，你就应该时时考虑其存在的不确定性。当人们基于类似全国人口或世界人口的预测数做影响广泛的重大决定时，这一点尤为重要。程序的建立和基金的设立通常都会基于这些估计值，因此一个很小的误差也将会导致巨大的差异。

**小贴士：** 数字看上去是具体的和绝对的，但是估算却带来了不确定性。数据是对其表达内容的抽象，精确程度是变化的。

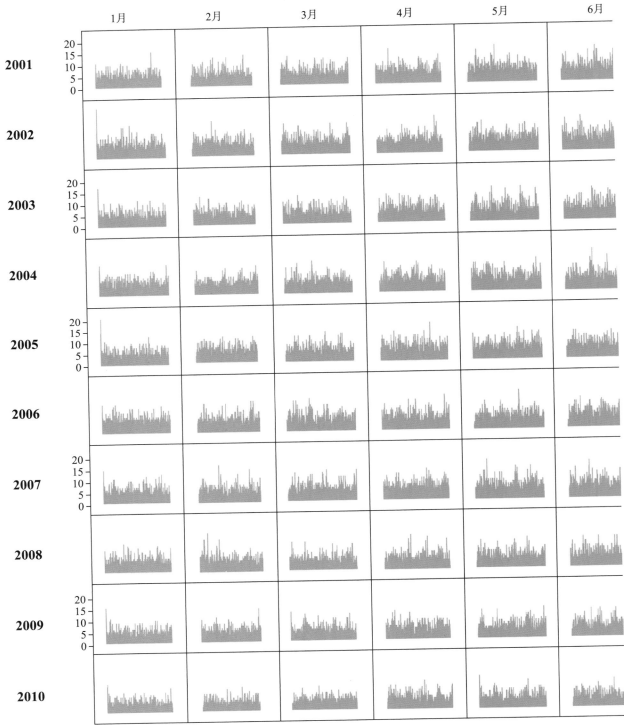

图 1—20　每小时致命交通事故数

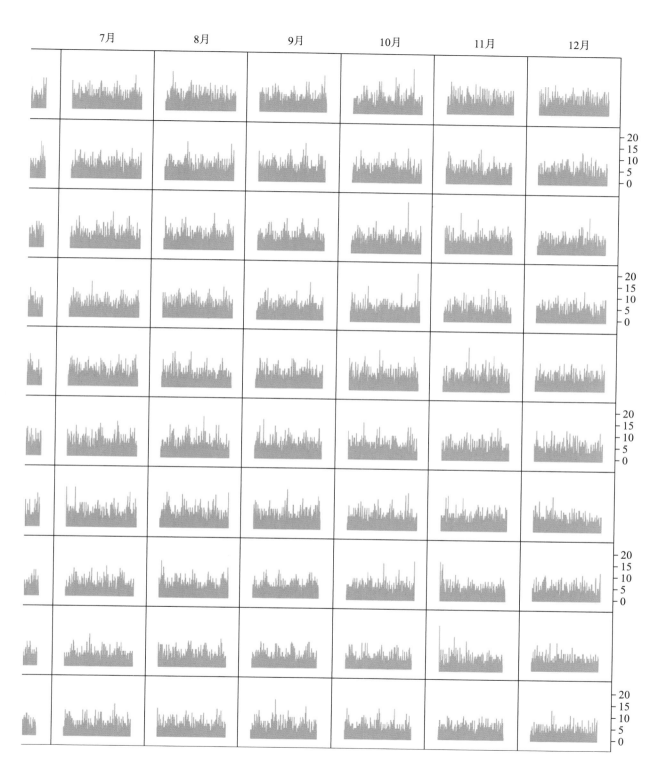

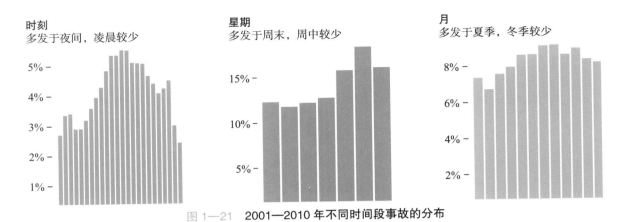

图 1—21　**2001—2010 年不同时间段事故的分布**

|  | 估计值 | 误差 |
|---|---|---|
| 总住房数 | 114 235 996 | ±248 114 |
| 总家庭数 | 76 254 318 | ±230 785 |
| 平均家庭人口 | 3.17 | ±0.01 |
| 已婚夫妇住房数 | 56 655 412 | ±293 638 |
| 结婚15年及以上 | 50.2% | ±0.2 |
| 离婚15年及以上 | 10.5% | ±0.1 |

图 1—22　**2010 年的住房估算**

美国人口统计局会就不同主题发布全国性数据，例如迁移、贫困和住房等，这些数据都是基于总体样本估算的。（这和十年人口普查不一样，十年人口普查旨在统计全国人口数量。）每一个估算都有误差，这意味着实际的计数或百分比可能在一个给定的范围内。例如，图 1—22 显示了对住房情况的估算，总户数的误差将近 25 万。

换个角度，想象一下你有一罐口香糖，没法看清罐子里的情况，你想猜猜每种颜色的口香糖各有多少颗。（我不清楚为什么你会关注口香糖的分布？但不妨发挥一下想象力，也许你是一个口香糖鉴赏家，受雇于一家口香糖厂商。你和一个自大的统计学家朋友打赌，说在你眼皮底下每一罐口香糖的颜色都是均匀分布的，所以这一切事关荣誉和钞票。）

如果你把一罐口香糖统统倒在桌子上，一颗颗数过去，就不用估算了，你已经得到了总数。但是你只能抓一把，然后基于手里的口香糖推测整罐的情况。这一把越大估计值就越接近整罐的情况，也就越容易猜测。相反，如果只能拿出一颗口香糖，那你几乎就无法推测罐子里的情况。

只拿一颗口香糖，误差会很大。而拿一大把口香糖，误差会小很多。如果把整罐都数一遍，误差就是零。当有数百万个口香糖装在上千个大小不同的罐子里时，分布各不相同，每一把的大小也不一样，估算就会变得更复杂了。把口香糖换成人，把罐子换成城、镇和县，把那一把口香糖换成随机分布的调查，误差的含义就有分量多了（见图 1—23）。

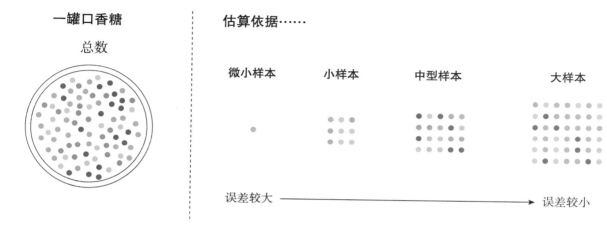

图 1—23 **口香糖和误差**

根据盖洛普的调查显示，2012 年 6 月 11 日到 6 月 13 日，48% 的美国人反对奥巴马。然而这里有 3% 的误差，这意味着全国反对人数是超过半数和不到半数的差别。同样，在选举季，民意调查会估计哪一位候选人领先，但如果误差很大，就会把不止一个人推到公众面前，从而使得民意调查失去意义。

当你排列人、地方和事物时，估算会变得更为棘手，尤其是和测量结合在一起时（产生了多变量统计模型）。

我们可以拿始终处于监督下的教育评估来举例说明。我们经常对城市、学校和教师进行比较，但到底是什么决定了良好的教育或让整个城市更聪明？是高中毕业生的百分比吗？是大学录取率吗？还是人均拥有大学、图书馆和博物馆的数量？如果这些都是，有没有哪一个因素比其他更重要？还是它们的权重相等？答案因人而异，和评分一样。

2011 年，纽约市教育局发布了教师数据报告，试图以此衡量教学质量。该报告最初只发到学校和老师，但在 2012 年初就被公之于众了。报告中考虑了几个因素，但最主要的因素之一是七年级和八年级考试成绩百分位数的变化。

**小贴士：** 我的家乡被某家刊物评为全国"最愚蠢"的城市，排名的估算是不可靠的。

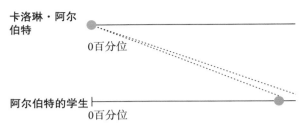

卡洛琳·阿尔
伯特

0百分位

阿尔伯特的学生

0百分位

图 1—24 **卡洛琳·阿尔伯特和她学生的排名对比**

七年级和八年级的数学教师卡洛琳·阿尔伯特（Carolyn Abbott）由此被称为全市最差的数学教师。她排在 0 百分位，而她的七年级学生则排在第 98 百分位。为什么会这样呢？（见图 1—24）

预测显示，那些学生在八年级能排在第 97 百分位，但实际上他们排在第 89 百分位，根据该统计模型，他们没有什么进步。大多数人都认为，学生不可能在一位很差的教师指导下取得这个成绩，但教师排名有着很大的变化和不确定性。排名显示出了教师的分布，不过排名是基于不确定性因素估算的，但却被当作是绝对的。一般人们都不了解这个概念，因此你必须确保描述清楚。

如果不考虑数据的真实含义，很容易产生误解。要始终考虑到不确定性和可变性。这也就到了背景信息发挥作用的时候了。

## 数据所依存的背景信息

仰望夜空，满天繁星看上去就像平面上的一个个点。你感觉不到视觉深度，很容易就能把星空直接搬到纸面上，于是星座也就不难想象了，把一个个点连接起来即可。然而，你觉得星星都离你一样远，可实际上不同的星星与你的距离可能相差许多光年。

假如你能飞得比星星还远，星座看起来又会是什么样子呢？这正是圣地亚哥·奥尔蒂斯（Santiago Ortiz）从不同角度观察星空的视觉效果时考虑的问题，如图 1—25 所示。

一开始你会把星星放在球面上，来观察它们。你在地球上观看星星，就当它们离地球都一样远。拉近一点，可以看到星座，这是你在地面上观察它们的方式。把自己包裹在山间的睡袋里，仰望晴朗的夜空，看到的星星就是这个样子。

我们感知的视图看上去只是好玩，如果切换到显示实际距离的模式，就更有趣了。星星的位置转移了，原先容易辨别的星座几乎认不出了。从新的视角出发，数据看起来就不同了。

这就是背景信息的作用。背景信息可以完全改变你对某一个数据集的看法，它能帮助你确定数据代表着什么以及如何解释。在确切了解了数据的含义之后，你的理解会帮你找出有趣的信息，从而带来有价值的可视化效果。

　　离开背景信息，数据就毫无用处了，而基于它们创建的任何可视化内容也会变得没什么价值了。使用数据而不了解除数值本身之外的任何信息，就好比拿断章取义的片段作为文章的主要论点引用一样。这样做或许没有问题，但却可能完全误解说话人的意思。

　　你必须首先了解何人、如何、何事、何时、何地以及何因，即元数据，或者说关于数据的数据，然后才能了解数据的本质是什么。

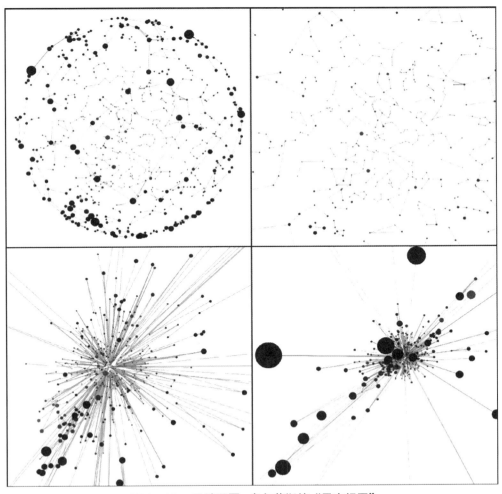

图 1—25　　**圣地亚哥·奥尔蒂斯的"星空视图"**
资料来源：https://bit.ly/1akjr8D

何人（who）：相对于曾经歪曲事实坏人名声的名人八卦网站，大报的引述会更有分量。类似地，相对于随机的在线调查，声誉好的信息源通常意味着更高的准确性。

例如，相较于某个人（譬如我）短期内每天半夜从 Twitter 上找几个一次性样本做做实验得出的数据，从 1930 年开始评估公众观点的盖洛普调查结果显然更可靠。后者努力创建有区域代表性的样本，而前者却充满了不确定性。

说到这个，除了"谁收集了数据"外，"数据是关于谁的"同样重要。再回到口香糖的例子，收集特定人群中每个人、每件事的数据，从经济上来说常常做不到。多数人都没有时间统计 1 000 颗口香糖并将其归类，统计 100 万颗口香糖就几乎不可能了，于是他们就开始采样。关键在于样本要在人群中平均分布，这样才可以代表整体。数据的采集者做到这一点了吗？

如何（how）：人们常常会忽略方法论的内容，因为方法多数是复杂的且面向技术受众的，然而，大致了解怎样获取你感兴趣的数据还是值得的。

如果数据是你收集的，那一切都好，但如果数据由一个素昧平生的人提供，而你只是从网上获取到的，那如何知道它有多好呢？无条件相信，还是调查一下？你不需要知道每种数据集背后精确的统计模型，但要小心小样本，样本小，误差率就高；你也要小心不合适的假设，比如包含不一致或不相关信息的指数或排名。

有时候，人们创建指数来评估各国的生活质量，常把文化水平这样的指标作为一项因素。然而有的国家不一定有最新的信息，于是数据收集者干脆就使用十几年前的评估。于是问题就来了，因为只有当十年前的识字率跟今天相当，这样的指数才有意义，但事实却未必如此（很可能不是）。

何事（what）：最终，你要知道自己的数据是关于什么的，你应该知道围绕在数字周围的信息是什么。你可以跟学科专家交流，阅读论文及相关文件。

在统计学导论课程中，你通常会学习到一些分析方法，例如假设检验、回归分析和建模，因为此时的目标是学习数学和概念。这是脱离现实的，当你接触到现实世界的数据，目标便转移到信息收集上来了。你从关注"这些数字包含了什么"转到了"这些数据代表现实中的什么事情？数据合理吗？它又是如何与其他数据关联的"等上面。

用相同的方法对待所有的数据集，用千篇一律的方法和工具处理所有数据集，这是一种严重的错误。不要这样做。

**何时（when）**：数据大都以某种方式与时间关联。数据可能是一个时间序列，或者是特定时期的一组快照。不论是哪一种，你都必须清楚知道数据是什么时候采集的。几十年前的评估跟现在的不能等同。这看似显而易见，但由于只能得到旧数据，于是很多人便把旧数据当成现在的对付一下，这是一种常见的错误。事在变，人在变，地点也在变，数据自然也会变。

**何地（where）**：正如事情会随着时间变化，它们也会随着城市、州和国家的不同而变化。例如，不要将来自少数几个国家的数据推及整个世界。同样的道理也适用于数字定位。来自 Twitter 或 Facebook 之类网站的数据能够概括网站用户的行为，但未必适用于物理世界。

尽管数字世界和物理世界的间隔一直在缩小，但间隙仍然显而易见。例如，有人基于带有地理标签的维基百科，做了一段代表"世界历史"的地图动画，在一个地理空间中，针对每个条目显示出一个鼓起的点。视频的结尾如图 1—26 所示。

毫无疑问，效果令人赞叹，也与现实世界的时间线相关联。由于维基百科的内容在英语国家的受关注度更高，因此这张地图上显示的这些国家的内容也明显多于其他地方。

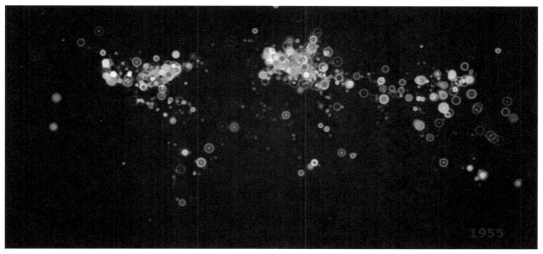

图 1—26　盖瑞斯·劳伊德（Gareth Lloyd）制作的 100 秒世界历史
资料来源：http://datafl.ws/24a

**为何（why）**：最后，你必须了解收集数据的原因，通常这是为了检查一下数据是否存在偏颇。有时人们收集甚至捏造数据只是为了应付某项议程，应当警惕这种情况。我们先想到的也许是政府和竞选，但遍布互联网、一心只想着如何被谷歌检索到的网站发布的那些充斥着各种关键字的所谓信息图形，也逐渐成为罪魁祸首。（早期在 FlowingData 上写博客时，我也多次深陷其中，但我从中吸取了教训。）

你的首要任务就是竭尽所能地了解自己的数据，你的数据分析和可视化会因此而增色。这样，你才能把自己知道的内容传达给读者。然而，拥有数据并不意味着应当做成图形并与他人分享。背景信息能帮助你为数据图形增添一个维度—— 一层信息，但有时背景信息意味着你需要对信息有所保留，因为那样做是正确的。

2010 年，运营 Lifehacker 和 Gizmodo 等大型博客的高客传媒（Gawker Media）遭到了黑客攻击，130 万个用户名和密码被泄露。这些用户名和密码可通过 BitTorrent 下载。密码是加密过的，但黑客破解了约 188 000 个，除去重复的共暴露了 91 000 多个密码。这样的数据你会如何处理？

相对龌龊一点的做法就是高亮显示一下使用常见密码的用户名，你甚至可以开发一款针对给定用户名猜测密码的应用程序。另一种做法可以只把常见的密码高亮显示，如图 1—27 所示。这个图给出了数据的一些内在信息，同时又不致于很容易就能登录他人的账号。它还是一种警告，提醒人们改用更为完全的密码。

对高客黑客事件中这样的数据做深入分析或许很有趣，但弊大于利。在这个例子中，数据隐私更加重要，因此最好限制一下你所展示和观察到的信息。然而，我们总是不能清楚地判断是否应当使用数据。有时，对错并非那么分明，你得自己决定。例如，2010 年 10 月 22 日，维基解密—— 一个发布匿名来源的私有文档和媒体的在线组织，公布了 391 832 份美国军方的战地报道，如今被称为"伊拉克战争日志"。报道中 2004 年到 2009 年的 109 000 次死亡记录中，平民死亡人数为 66 081 人。

泄露的数据暴露了虐囚事件以及不实报道，例如，有的平民死亡被归为"行动中的歼敌数目"。另一方面，这些结论与通过不正当途径获取的机密数据有关，把它们公布出来似乎也不正当。或许应该有一条针对数据的黄金准则：你希望别人怎样对待自己的数据，你就要怎样对待别人的数据。

最后再回到"数据到底代表什么"上来。数据是对现实生活的抽象表达，而现实生活是复杂的。但是，如果能收集到足够多的背景信息，你至少能知道该怎样努力去理解它。

图 1—27 高客传媒黑客事件中暴露的常用密码

## 小结

可视化通常被认为是一种图形设计或暴力破解计算机科学问题方面的练习，但是最好的作品往往来源于数据。要可视化数据，你必须理解数据是什么，它代表了现实世界中的什么，以及你应该在什么样的背景信息中解释它。

在不同的粒度上，数据会呈现出不同的形状和大小，并带有不确定性，这意味着总数、平均数和中位数只是数据点的一小部分。数据是曲折的、旋转的，也是波动的。数据可能是个性化的，甚至是富有诗意的。因此，你可以看到多种形式的可视化数据。

第2章

数据引导可视化设计

尽管可视化在几个世纪以前就出现了，但现在还是一个比较新的研究领域，该领域的专家们甚至还没有给出一个关于可视化的确切定义。可视化是否只用于分析数据？还是用于定量认识？抑或是用于唤起情感？什么时候可视化能深深扎根于视觉领域成为一门艺术呢？

回答者的身份不同，答案也不尽相同。这些问题已经在各学科领域内及不同学科之间引起了激烈的争论，但这还只是学者和从业人员之间的争论而已。

我曾经在一个大型的、以数据为中心的组织里参与过一次深入讨论。讨论的缘由是该组织希望把更多的可视化引入其工作中。他们想让公众了解他们在做什么，也想改进工作报告、数据摘要以及其他工作方法。

与会者大约有 40 个人，他们来自各行各业，有营销人员、开发人员和统计学家。他们做着各种不同的项目，既有用于博客的快速图表设计工具，也有交互数据研究工具。我们讨论了一个在线应用，一部分人认为对数据内容应该做更多的注解，而另一部分人则认为任何注解都应该交给使用者来添加。还有一些人倾向于制作抽象画一样的图表。关于可视化的想法有很多，争论持续了很长时间。

他们都是对的。每个人都主张为了特定的目的可视化，可视化应该符合同一标准，尽管可视化的目的不同，目标对象也不一样。他们将可视化看作一个整体，拥有一整套定义好的规则。一个世纪前可能是这样的（也许不是），但现在可视化已不仅仅是一种工具，它更多的是一种媒介：探索、展示和表达数据含义的一种方法。

可视化不是将相互独立的分类分隔开，你可以把可视化看作是连续的、从统计图形延伸到数字艺术的一个连续谱图。可视化有时候是可清楚区分的，也有很多混合的，不能混为一谈。由于统计学、设计和美学的平衡运用，产生了许多优秀的作品。

并不是说混合总是最好的，统计图形也不一定比数字艺术好，反之亦然。它们都有各自的目的，应该以目标实现的好坏来判断。你不会以判断滑稽戏的标准来评价一部纪录片，因为你对它们的期望不同，心态也就不一样。同样，你也不会期待一部教科书像爱情小说一样，更不会抱怨一部犯罪电视剧多么地不好笑。

**小贴士：** 可视化有自身的规则和设计建议。这些规则和建议都很好，但不能盲从。要考虑自己的目标和具体的应用。

一连串有趣的饼图不应和可视化研究放在同样的显微镜下观察，除非这些饼图恰好被用于研究人们对有趣饼图的反应。如果是这样，我会阅读研究报告，一定很有趣。

再次声明，并不是说相对于可视化研究，不要太挑剔有趣的图形或数字艺术。人们从未停止过对喜剧和艺术的审视。你需要知道你正在评论什么。

## 新数据研究需要新工具

我们今天使用的许多传统图表，如折线图、条形图和饼图等都是威廉姆·普莱菲尔（William Playfair）发明的。他在 1786 年出版的《商业和政治图解》（*The Commercial and Political Atlas*）一书中，首次以条形图的形式呈现了进出口贸易统计数据，如图 2—1 所示。图 2—2 是最早的饼图之一。当然，这些图表都是手工绘制在纸上的。

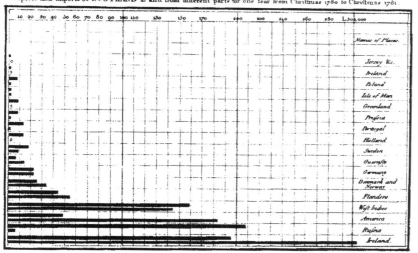

图 2—1　威廉姆·普莱菲尔《商业和政治图解》中的条形图

很难相信直到 20 世纪 70 年代人们还通过手绘图看数据。约翰·图基（John Tukey）在 1977 年出版了其开创性的著作《探索性数据分析》（*Exploratory Data Analysis*），他在书中描述了如何用钢笔而不是铅笔加深线条的颜色。现在看来这样的技巧很古老。然而好消息是随着技术的进步，图基也开始用新技术继续创新。

技术的进步也让数据的量和可用性得到了极大的改善，这反过来

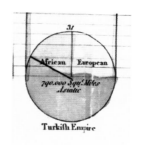

图 2—2　威廉姆·普莱菲尔 1801 年为《统计学摘要》（*Statistical Breviary*）创作的饼图

给了人们新的可视化素材（以及新的工作和研究领域）。没有数据，就没有可视化。2001 年，维基百科创立，截至写这本书时，它已拥有了 3 500 万注册用户。任何人都可以编辑维基百科的条目，如果有人发起了一篇文章，这篇文章可以增长也可以缩短，因为其他人可以增加或删除内容。每篇文章都是动态的，尤其是在大家争论什么该写以及什么不该写的时候。

当在这个网站上查看文章的历史记录时，你会觉得很有趣。费尔兰达·维埃加斯（Fernanda Viégas）和马丁·瓦滕伯格（Martin Wattenberg）在 2003 年创造了"流动的历史"（History Flow）这一工具，可以帮你探索维基百科条目的历史变化。如图 2—3 所示，可视化效果看起来像是反转的堆叠区域图（stacked area chart），每一层都代表一篇文本正文。久而久之，新的层次（不同的颜色）会被添加（或删除），从整体堆叠的高度可以看到变化的全景。

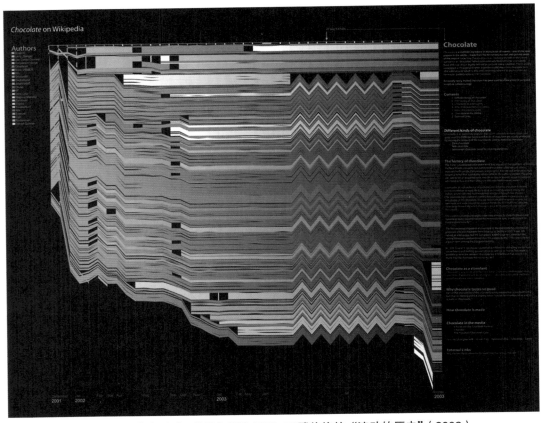

图 2—3　费尔兰达·维埃加斯和马丁·瓦滕伯格的"流动的历史"（2003）

资料来源：http://hintfm

注意到图 2—3 中的那些锯齿状的图案和看似随机的黑色块了吗？前者表示用户间存在争论，后者表示有人删除了部分文章内容，可能是由于有不同意见或者只是恶作剧。每篇文章的变化过程都很有趣。现实世界中的事件发生时，很难看到整体画面，因为你的注意力集中在单独一件事上。而作为激烈争论中的维基百科用户，你关注的则是对方刚刚做了什么，然后会想好如何应对。若事后退一步观察整体的变化，你会发现一些有趣的事情。

世界银行以易于下载的方式提供了有关美国的全国性数据，可帮助你了解整个世界的发展状况。图 2—4（我制作的交互图，研究历年来各国人口的平均寿命）显示大多数地区的平均寿命总体在增加；同时，大回落表示某些地区发生了战争和冲突。

**小贴士：** 虽然维基百科是一部百科全书，但由于它总在变化，你可以轻易地将其活动与时事联系起来，如动荡时期和政权变革等。

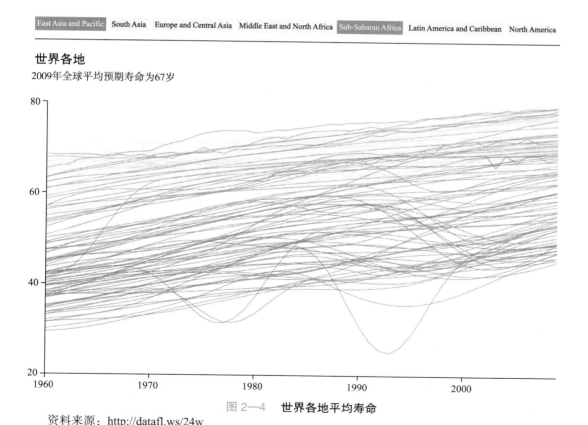

East Asia and Pacific    South Asia    Europe and Central Asia    Middle East and North Africa    Sub-Saharan Africa    Latin America and Caribbean    North America

**世界各地**
2009年全球平均预期寿命为67岁

图 2—4    **世界各地平均寿命**

资料来源：http://datafl.ws/24w

从方法论的角度看，"流动的历史"和平均寿命图分别是调整过的堆叠区域图和多重时序图，是数据让它们变得有意义了。但在互联网时代之前，这些数据即使存在也很难收集。

看起来似乎只要足够仔细，就能找到关于任何事物的数据。斯蒂芬·冯·沃利（Stephen Von Worley）用一份现成的、逗号分隔的文档算出了全美国 48 个州中任何一个地点到最近麦当劳的距离，并在地图上标注了出来。如图 2—5 所示，一个区域的颜色越亮，就意味着越能尽快吃到巨无霸。

像 Twitter 和 Facebook 这些流行的社交媒体网站，提供了关于人们谈论及关注内容的新的信息来源，很容易通过应用程序接口（API）获取数据。照片分享网站 Flickr 也有一个很好用的应用程序接口。埃里克·费舍尔（Eric Fischer）在名为"看图或说话"（See Something or Say Something）的地图里集中整合了来自 Twitter 和 Flickr 的数据，如图 2—6 所示。

图 2—5　斯蒂芬·冯·沃利的"麦当劳的距离"（2010）

资料来源：http://datafl.ws/24y

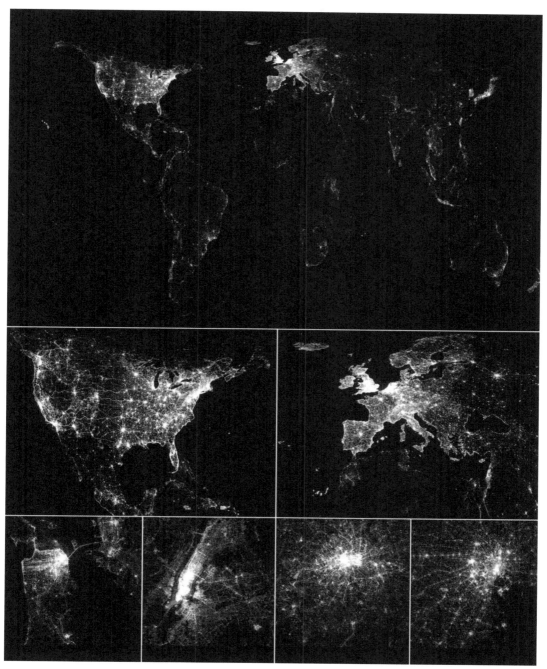

图 2—6　埃里克·费舍尔的"看图或说话"（2011）

资料来源：http://datafl.ws/2ba

图 2—6 的中蓝点表示人们在 Twitter 发短消息的位置，红点代表人们用 Flickr 拍照片的位置，而白点则表示两者都用的位置。你可以看到人们经常发短消息或拍照（看图）的地方。这个简单的想法需要强大的执行力，但结果很美。

从太空这一个更广阔的视角来看 NASA（美国国家航空航天局）使用卫星数据监视地球上的活动。例如，图 2—7 是显示水循环构成动画中的一幅快照，包括蒸发、水蒸气上升和降水的过程。根据这些数据建立的大气模型可以让人们看到地球历史中的重大变化。

小贴士：NASA 还有展示十年来全球火灾情况的生动地图：http://datafl. ws/2bb。

图 2—8 所示"永恒的海洋"（Perpetual Ocean）同样由 NASA 绘制，它使用了类似的数据和模型来评估洋流。这幅图可能会让你想起梵高的"星空"。

这是多么地神奇！大量的数据使这一切成为可能。当然，不断增长的新数据类型需要比纸笔更强大的新工具来帮助探索研究。

## 你能用的可视化工具

电脑的引入改变了人们分析和研究数据的方式。借助电脑，你可以在数秒内制作出许多图表，从多个角度查看数据以及筛选出更复杂的数据集，而不用再像以前那样只能用手绘的图表。现在人们也拥有了更多的数据研究工具。微软的 Excel 仍是许多人首选的办公软件，它可以完成许多工作，但人们想要使用的方法以及想要研究的深度都正在发生改变。

Tableau 是一款非常受欢迎的桌面软件，可以用来直观地分析数据。点击鼠标就能完成所有操作，不需要编程技术，而且它可以同时处理大量数据，把你彻底解放出来。Tableau Public 可用于创建可视化仪表盘，并在网上分享。

同时也有特定类型的可视化桌面软件。加州电信学院（Calit2）软件研究实验室开发的 ImagePlot，专门用于同时处理数百万张图片，并把它们放在二维空间中，分析数据的不同方面，如颜色和体积（见图 2—9）。

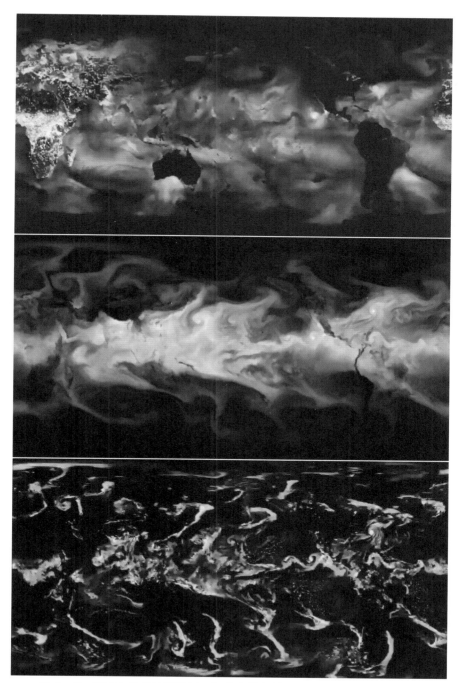

图 2—7　NASA 的戈达德航天飞行中心绘制的"水循环平面图"（2011）
资料来源：http://svs.gsfc.nasa.gov/goto?3811

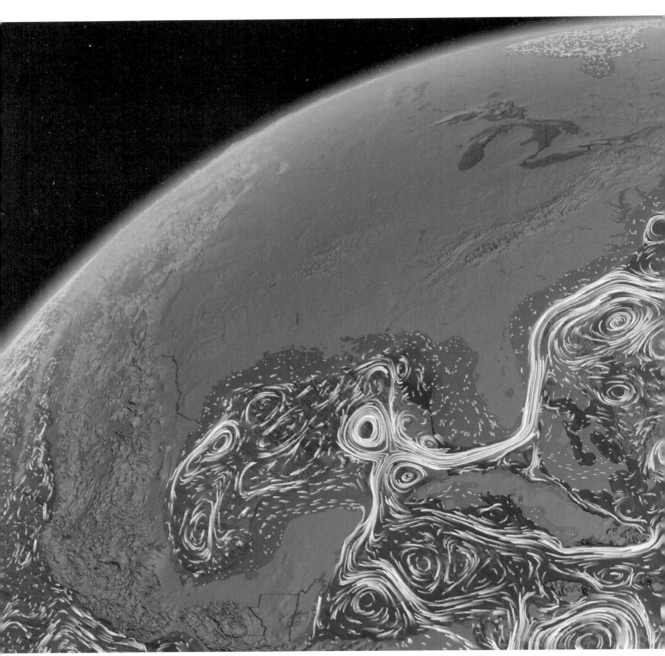

图 2—8　NASA 戈达德航天飞行中心绘制的"永恒的海洋"（2012）

资料来源：http://datafl.ws/2bc

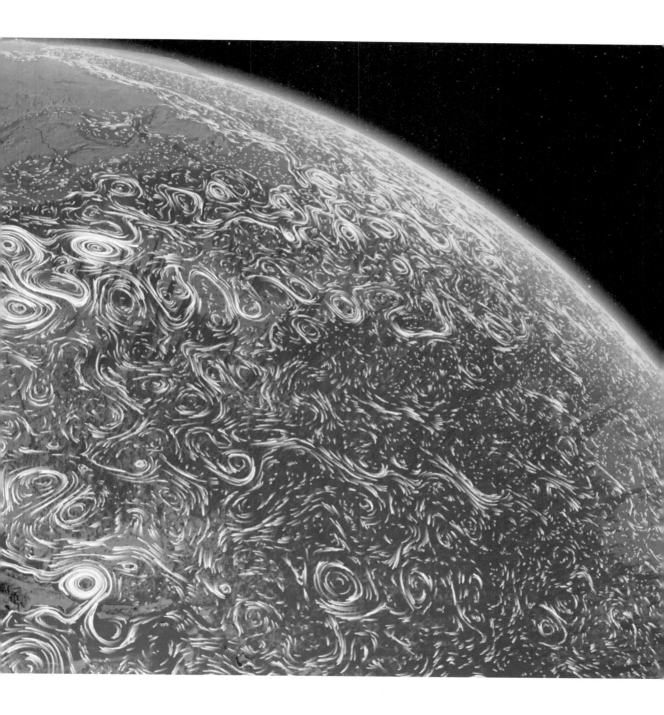

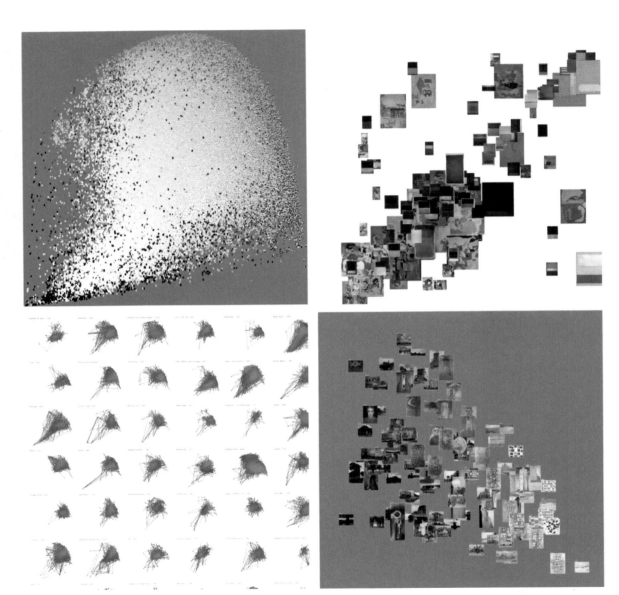

图 2—9　加州电信学院软件研究实验室的 ImagePlot

资料来源：http://datafl.ws/24x

专业化是可视化发展的当前主题。开发了处理特定数据类型的工具比试图开发处理所有能想到的数据的工具简单得多，也高效得多。

Gephi 是一款网络及系统可视化的专业开源软件，它就像是图表软件中的"Photoshop"。几乎所有现在能看到的有许多节点和边的静态图都是用这个软件制作的。点点鼠标、拖拖拽拽就可以轻松地进行研究，还能在有所发现时输出有趣的图形（见图 2—10）。

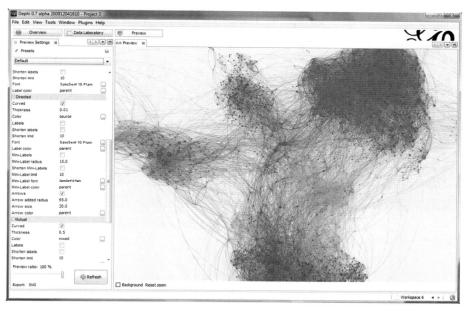

图 2—10　Gephi

资料来源 http://gephi.org

美国马里兰大学人机交互实验室开发的 Treemap 软件可以用树图研究分层数据。这一款软件最初由本·施耐德曼（Ben Shneiderman）于 1990 年开发，用于将硬盘内容可视化，如图 2—11 所示。现在它已经变得更加灵活，交互更多，而且可以免费应用于非商业用途。

对于静态统计图表，我个人最喜欢的工具是 R 与 Adobe Illustrator 的结合。R 是统计学编程语言的首选，这种编程语言最近在数据分析社区颇受好评；而 Illustrator 是很多设计师使用的软件。

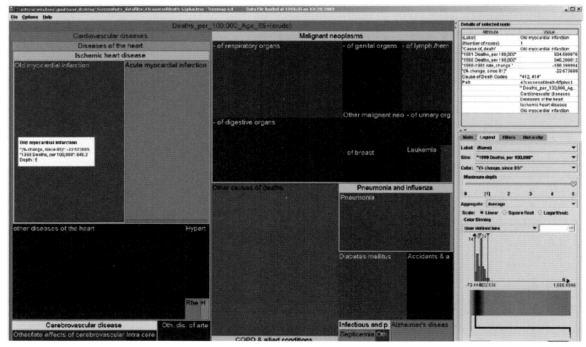

图 2—11　马里兰大学人机交互实验室开发的 Treemap

资料来源：http://www.cs.umd.edu/hcil/treemap/

**小贴士：**参见第 7 章内容，以了解更多可视化工具和程序。

当你开始在互联网上探索可视化时，对编程技术的需求似乎增加了，但有很多软件包可以帮助你轻松进入这一领域。这就不是拖拽这么简单了，但是好在开发人员也学会了提供大量范例，让人们来使用他们的软件。

几年前，在线可视化几乎都是用 Flash 实现的，现在它已经过时了。目前是 JavaScript 和 HTML5 的天下，有许多库可以用，但麦克·博斯托克（Mike Bostock）创建的 D3（Data-Driven Documents）、德米特里·巴拉诺夫斯基（Dmitry Baranovskiy）创建的 Raphaë 和尼古拉斯·加西亚·贝尔蒙特（Nicolas Garcia Belmonte）创建的 JavaScript InfoVis Toolkit 是初学者的最佳选择。当然，你也可以一直在线上传静态图片，但浏览器本身加载可视化能带来更多的好处，就是图形设计可以基于当前的数据进行更新。用 JavaScript 编程时你可以加入交互和动画，这些都能增加数据探索和展示的维度。

## 信息图形和展示

研究数据时，你会形成自己的见解，因此没有必要向自己解释这些数据的有趣之处。但当观众不仅仅是自己时，就必须提供数据的背景信息了。

通常这并不是指要为图表配上详尽的长篇大论的文章或论文，而是精心配上标签、标题和文字，让读者为即将见到的东西做好准备。可视化本身——形状、颜色和大小，代表了数据，而文字则可以让图形更易读懂。注意，排版、背景信息和合理的布局也可以为原始统计数据增加一层信息。

通俗地说，可视化设计的目的是"让数据说话"。这意味着将数据或信息可视化，然后放弃那些处理熟悉且模式明显的数据时很好用的方法。在图2—12中，帕特里克·史密斯（Patrick Smith）用极简主义的方法描述了精神疾病，例如强迫症、抑郁症和嗜睡症。他使用了与每张海报上的空间相比较小的基本图形来描述疾病，这种孤立有助于展示症状的严重性。

图2—13是罗克什·达克（Lokesh Dhakar）绘制的"咖啡饮品示意图"，很好地展示了如何通过对基本图形的小改进将其与读者建立起联系。每种咖啡的堆叠横条图构成了整个图表的核心，而标签则告诉了你每个横条代表着什么。达克还给出了每种咖啡的名称，使之更易于阅读。马克杯和水蒸汽的图案直接给人以身临其境之感。

图2—14是卡伊·克劳斯（Kai Krause）的"非洲的真实大小"图表，他将各国从其原先的地理位置中旋转移出，然后填充在非洲大陆中，以此传达了其观点。他在介绍部分作了解释。人们通常将非洲看作相对较小的大陆，因为在线地图都采用麦卡托投影（Mercator projection）来制作。

然而，现实中的非洲面积要大得多。图2—14的标题突出了这一点，稍小一些的地图和表格则提供了细节。

图 2—12　帕特里克・史密斯的"精神疾病海报"（2010）
资料来源：http://datafl.ws/259

图 2—13　罗克什·达克绘制的"咖啡饮品示意图"（2007）
资料来源：http://lokeshdhakar.com/coffee-drinks-illustrated/

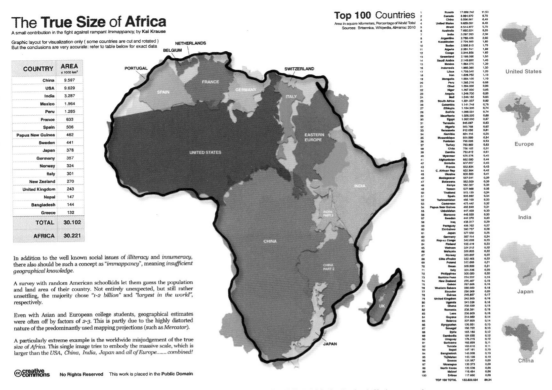

图 2—14　卡伊·克劳斯的"非洲的真实大小"（2010）

资料来源：http://datafl.ws/12t

从这些图中可以很容易找出重点，因为你熟悉这些数据，信息也是清晰的。大多数时候，数据是陌生的，模式也只在有人指点后你才能明白，这时就需要在图片中讲述数据的故事了。

## 讲述数据的故事

作为一种媒介，可视化已经发展成为一种很好的故事讲述方式。新闻机构正学着在数据新闻这个新兴领域中使用可视化这种媒介。这大概就是塔夫特有关图表垃圾和数据痕迹比率的建议最适用的地方。实际上，这只是不错的分析和报告而已。例如，2010 年 4 月，墨西哥湾的"深水地平线"石油钻井平台爆炸，导致近 4 亿升石油泄漏到大海中，《纽约时报》持续 3 个月对此进行了生动且全面的报道。它为原油泄漏如何结束、造成了什么影响以及为什么会发生泄漏提供了背景介绍。现在，距离这一事故的发生已经有很长时间了，回首这一系列的互动报道，其中的图表仍能传递丰富的信息，而且在未来数年中仍是如此。

"数字化叙事"（Digital Narratives）是微软研究院的一个项目，展示了他们的富交互式叙事（RIN）技术，即将视频、音频和文本等多种类型的媒体与可视化相结合，让用户参与交互实验。该项目最大的优点是作者可以把媒体串联起来，加上声音，让每个片段可以连续叙事。用户可以随时暂停叙事，与屏幕上的可视化内容进行互动。

**小贴士：**《纽约时报》的深度互动报道请见 http://datafl.ws/254。他们的更多作品请参见 http://datafl.ws/2bd。

如图 2—15 所示，作者可能口头描述可视化作品，而用户可以停下来与媒体内的可视化内容进行互动，并仔细查看数据（在互动结束时继续叙述）。可视化不仅有助于叙事，还有助于沟通和阐明想法。也许你只想快速了解数据描述。毕竟，可视化的一个主要卖点就是帮助你迅速理解大量信息。

流程图就是沟通中和进行决策时可用的一种直接明了的方法。你从一个状态开始，然后回答问题，转移到另一个相邻的状态，最后进入到帮助你做决定的状态。比如，图 2—16 是朱利安·汉森所创建的（Julian Hansen）的"你需要一种字体"（So You Need a Typeface）图表，根据任务和你的喜好，帮你选择恰当的字体。

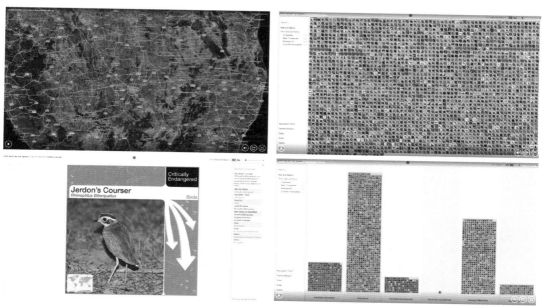

图 2—15　微软研究院的"数字化叙事"（2011）
资料来源：http://www.digitalnarratives.net/ 和 http://datafl.ws/2be

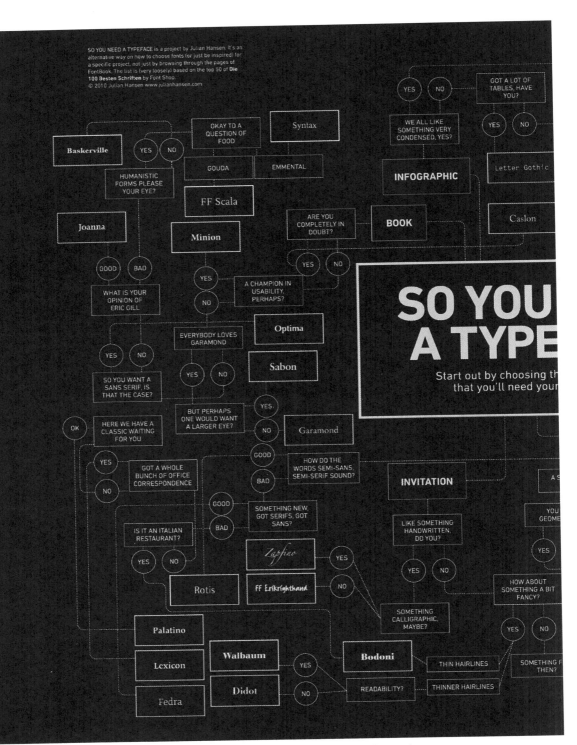

图 2—16　朱利安·汉森的"你需要一种字体"（2010）

资料来源：http://julianhansen.com

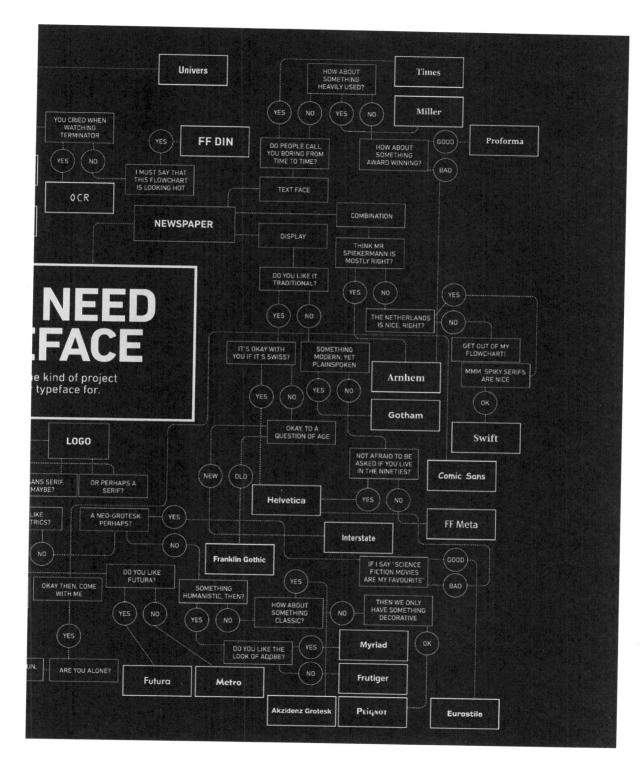

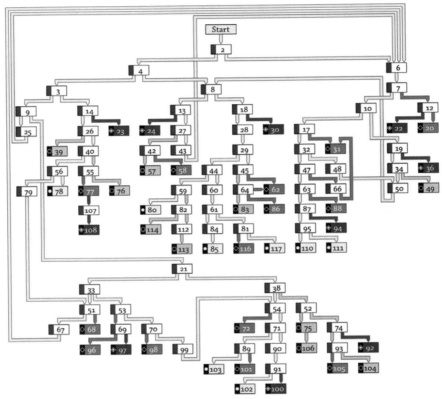

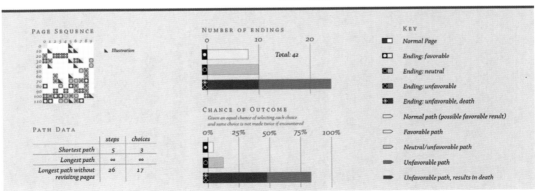

图 2—17　迈克尔·奈吉尔的《惊险岔路口》的路线和结局分析（2009）

资料来源：http://datafl.ws/6p

　　有时你想看到整个过程，如迈克尔·奈吉尔（Michael Niggel）的流程图就展示出了《惊险岔路口 2：海底旅行》（*Choose Your Own Adventure #2: Journey Under the Sea*）① 中所有可能的结果。《惊险岔路口》系列图书分成了多个部分，作者在每部分最后为下一个目的地提供了选择。某种程度上，它像是一个游戏，目标就是活下来。整体来说，图 2—17 所示的流程图体现了这本书完整的故事情节。顺便提醒一下，大多数时候的结局是你会死。

　　信息图表也可以包括与情感密切相关的主题，如图 2—18，露易丝·马（Louise Ma）的"爱情长啥样"是一系列将爱情模样概念化的图表。爱情是一种复杂的感情，难以用文字描述，但她的图表对情感的多方面描述颇富诗意，且内外兼顾。

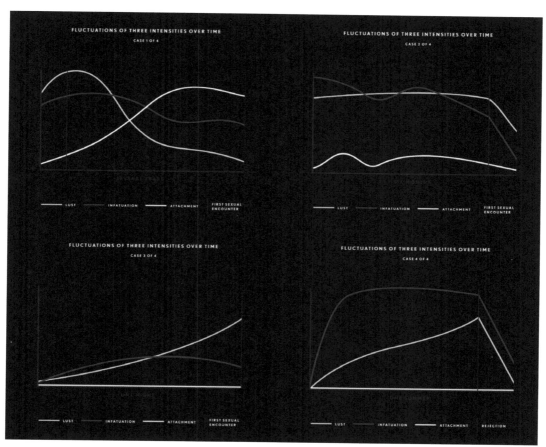

图 2—18　**露易丝·马的"爱情长啥样"（2012）**

资料来源：http://love.seebytouch.com

---

① "惊险岔路口"是一系列儿童书，每个故事都以第二人称视角写成，使读者能体验主要角色。——译者注

请注意，露易丝没有使用真实的数据，相反，她用抽象的趋势和模式来展示这些小故事。马修·迈特（Matthew Might）在"图解博士是什么"的图表中运用这一点达到了很好的效果，如图 2—19。制作这一图表是为了对研究生（当然也立即引起了我的共鸣）进行指导，当然它也适用于所有正在学习，并且想要在自己领域中获得进步的人。

然而这些图并不华丽，它显示出不需要过多花哨的功能也可以吸引人们的目光。这同样也适用于数据。有价值的数据让图表值得一看。它传递了数据的故事。

## 可视化的娱乐性

接近可视化谱图的中间部分时，因为进行分析，我开始失去读者了。也许在上一节结束后我就已经失去了读者。读者的注意力、参与度和愉悦感变得越来越重要和有用，逐渐超过了最小化图表垃圾和增加数据笔墨比率的分量，虽然后者仍很重要，但人们开始越来越倾向于前者。

有些人可能会对以下内容感到不安或不屑（我仍自称统计学家，所以我能理解），但非传统的、不只代表事实的可视化还是有其价值的。娱乐也是有价值的，它可以让人微笑，让人感知某事，至少这是优化了的展示方式。显然你不会把卡通漫画放在商业图表中，但如果是一本娱乐出版物呢？这样做就显得不那么疯狂了。

定义的分歧很大程度上与可视化标签有关。在研究和学术领域中，可视化通常是数据研究工具，注重精确和视觉效率。你要观察数据，弄明白能做什么，然后快速转移到数据的另一部分。可视化研究者希望推广他们的研究成果，用于类似的数据类型和情形中。

另一方面，从业者倾向于针对每个案例进行设计和创作。他们肯定会从过去的工作和经验中学习，但目标通常是为一组数据设计定制的工具、交互方式和图形。

因为这种定制的可视化内容更容易见到，而学术研究却让人觉得遥不可及，因此说起可视化，通常大家都会想到前者而不是后者。大家会认为可视化就是把数字放到图形中，对这一点要么反对，要么接受，没有中间立场，而我至今还没有遇到过改变立场的人。我就属于完全接受的那一拨。

如果只是为了更便于讨论，那么分类系统和原则对于高级研究而言就很重要了；但从实

用圈来代表人类
所有的知识：

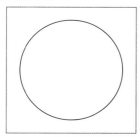

读完小学，你有了一些
基础知识：

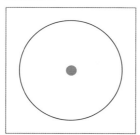

读完中学，你的知识
又多了一点：

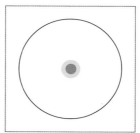

读完本科，你有了
专业方向：

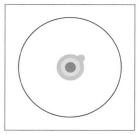

读完硕士，你在专业上
又前进一步：

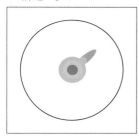

阅读大量文献，接触本
专业前沿知识：

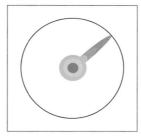

选择某一专题，作为主攻
方向：

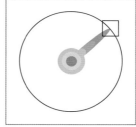

在主攻专题上潜心研究
好几年：

终于取得了突破性
成就：

你把人类的知识推进了一
步，你就成为博士：

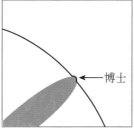

现在，你看待世界的方式
已不同：

但是，不要忘了
学无止境：

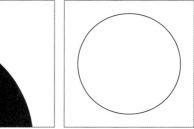

图 2—19　**马修·迈特的"图解博士是什么"（2010）**

资料来源：http://datafl.ws/25c

际的角度来看，可视化的定义或你给作品起的名称与你所做的东西并没有关系。即使与潜在客户一起工作时，快速浏览文件夹也可以很容易明白自己在做什么。

谁知道十年后可视化会变成什么样子呢？毕竟十年前在网上搜索可视化时，得到的结果还只是用于设定目标和缓解紧张的心理练习。

## 可视化的幽默

和露易丝·马关于爱情的图一样，最近几年出现了一类用于讲笑话的图表。它们似乎源自大家对于 PPT 演示稿的热爱（其实是恨）。刚开始是讽刺，后来逐渐变成一种图表类型。

杰西卡·哈吉（Jessica Hagy）是第一个在网上这样做的人。如图 2—20，从 2006 年开始,哈吉在她的博客"Indexed"上用折线图和文氏图（Venn diagram）[①] 表达自己意见和想法。尽管多年来我一直在关注哈吉的博客，但她每次更新的卡片依然能让我会心一笑。有时她探讨复杂的想法，有时只是展示了简单的见闻，但手绘草图确实有助于清晰表达，这只有图表才能做到。

"Indexed"从本质上来说是报告和讽刺作品的混合体，因此这些图表也顺理成章地成为漫画。例如，"狗窝日记"（Doghouse Diaries）经常能用图表逗大家一乐。如图 2—21，"床的地图"描述了某人另一半的奇怪睡眠区域。其中没有显示狗和猫的区域，也不包括被噩梦惊醒的孩子。

马努·科内特（Manu Cornet）在他的漫画网站"疯狂的世界（Bonkers World）"上，用漫画形式展示了各大科技公司的组织架构图，如图 2—22 所示。从亚马逊严格的自上而下的组织结构到 Facebook 看似自我管理的小团队结构都能在图中看到。

现在再来说说人，知道马特·麦金纳尼（Matt McInerney）的"可信赖的胡子"吗？他用不同类型的胡子将人归类到"值得信任的"到"灾难性人物"的范围里，如图 2—23 所示。永远不要相信狼人，无论是英俊帅气还是光着膀子的。

无论你把这些图叫作可视化图，还是归到各自的分类里，关于传统的可视化还是有很多东西需要学习的。为什么这么多人喜欢这些图？是什么让这些图激起了读者的共鸣，使其愿意与他人分享？图的颜色和可读性真的起作用吗？布局呢？一些研究人员试图回答这些问题，但到目前为止，也只是触及了皮毛。

---

① 亦称韦恩图。——译者注

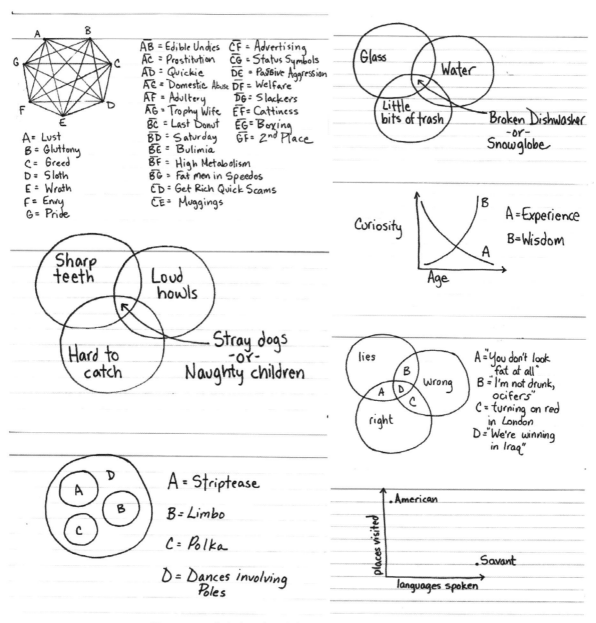

图 2—20　选自杰西卡·哈吉的博客"Indexed"的片段

资料来源：http://thisisindexed.com

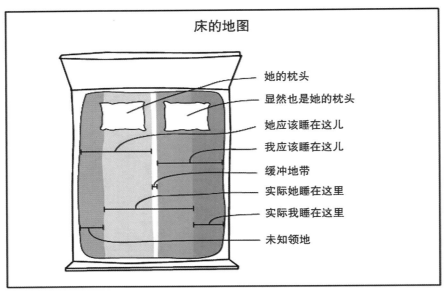

图 2—21　"狗窝日记"的"床的地图"（2012）

资料来源：http://thedoghousediaries.com/3586

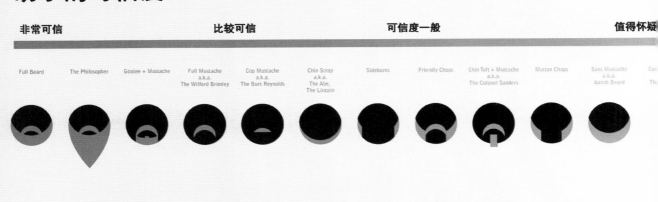

图 2—23　马特·麦金纳尼的"可信赖的胡子"（2010）

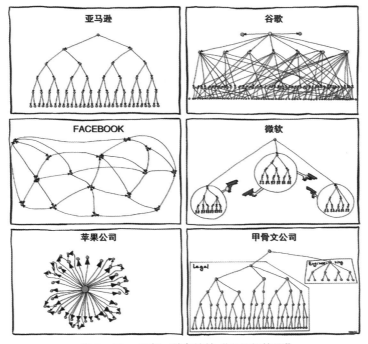

图 2—22　马努·科内特的"组织架构图"
资料来源：http://www.bonkersworld.net/organizational-charts/

## 走进数据艺术的世界

现在进入可视化谱图的右半部，在这里想象力自由驰骋，数据和情感并驾齐驱，创作者更加关注人与人之间的联系。很难确切地说出数据艺术到底是什么，但其作品通常与决策的关系不大，更多是与数字相关——准确地说，是与数字代表的东西相关，更多是为了让人们去体验那些让人感觉冰冷而陌生的数据。数据艺术由那些分析和信息图形常有的特征组成。

2012 年，在距离伦敦奥运会开幕还有几个月的时候，艺术家格约拉（Quayola）和穆罕穆德·阿克坦（Memo Akten）在"形态"（Forms）图中将原本就很美的竞技运动演绎成衍生动画，如图 2—24 所示。小视频中播放一位运动员，如体操运动员或跳水运动员的腾空和翻转动作，大视频里同时生成由颗粒、枝条和长杆组成的图形，相应地移动。移动伴随有声音，让计算机生成的图形看起来更加真实。

图 2—24　穆罕穆德·阿克坦和格约拉的"形态"图

资料来源：https://vimeo.com/37954818

　　没有坐标轴，没有标签，也没有网格，这就像是对现实生活中活动的不同形式的展示。如图 2—25 所示，来自芝加哥的艺术家杰森·萨拉文（Jason Salavon）制作了"MTV 有史以来最伟大的 10 部音乐录影带"名单，他把每个视频都压缩成了平均颜色。音乐没有了，但你得到了一种主题感和颜色按年代顺序排放的流动感。

　　平面设计师弗雷德里克·布罗德贝克（Frederic Brodbeck）在名为"电影度量"（Cinemetrics）的作品中做了类似的事。他获取了电影数据——颜色、动作和时间，为每部电影创造了一个"视觉指纹"，如图 2—26 所示，每一段都代表电影中一部分的颜色和时间。在动画版本中，这些片段根据该部分电影中动作的多少来回移动。

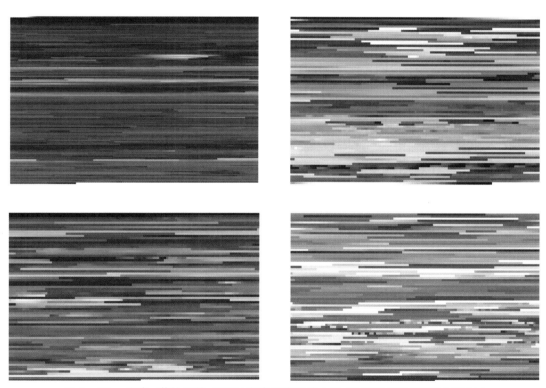

图 2—25　杰森·萨拉文的"MTV 有史以来最伟大的 10 部音乐录影带"（2001）
资料来源：http://salavon.com/work/MtvsTop10/

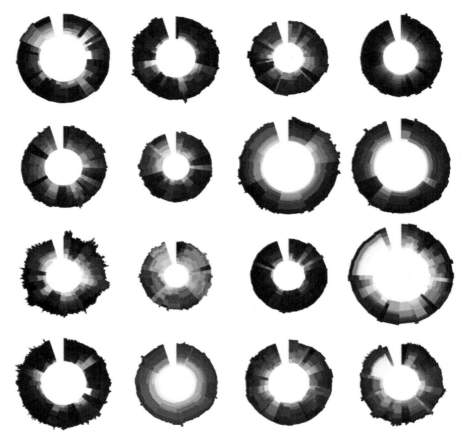

图 2—26　弗雷德里克·布罗德贝克的"电影度量"（2012）
资料来源 http://cinemetrics.fredericbrodbeck.de

　　图 2—27"天空的历史"由艺术家肯·墨菲（Ken Murphy）创作，这幅作品重新组合了我们对时间和空间的传统看法。无论如何，灵感来自天空而非电影。

　　墨菲在旧金山探索博物馆（San Francisco Exploratorium）的屋顶上安装了一部照相机，设定每隔 10 秒拍摄 1 张照片，时间持续了一年。墨菲没有把照片按单一的时间线排列在一起，而是在 24 小时的时间线上同时展示了每一天的照片。你立刻就能看到日长是怎样变化的，以及一年中的天气变化情况。

　　如果数据源不可见怎么办？应该如何把它可视化？如图 2—28 中的"无形：灯光 Wi-Fi 图"，蒂莫·阿尔诺（Timo Arnall）、容恩·克努特森（Jørn Knutsen）和埃纳·斯尼夫·马提

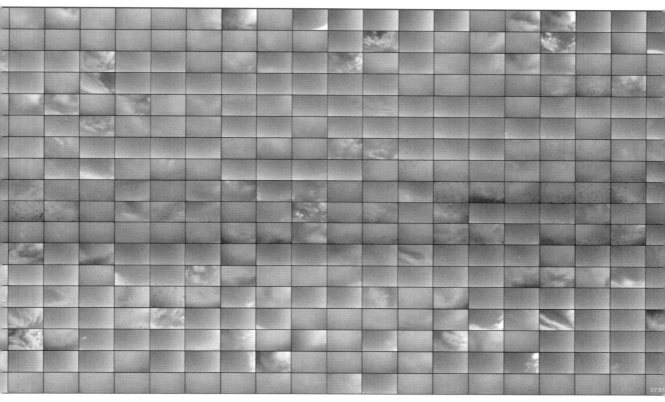

图 2—27 肯·墨菲的"天空的历史"（2011）

资料来源：http://datafl.ws/25s

纽森（Einar Sneve Martinussen）做了一种带无线传感器和小灯泡的测量杆，用来可视化我们每天使用的网络。在任何地方，测量杆都用横条显示信号强度，信号质量越好，闪灯次数越多。结合长时间曝光摄影，他们画出了一幅现实空间中的 Wi-Fi 信号图。

虽然这些作品是用于艺术展或装饰墙壁的，但很容易看出它们对一些人的用处。例如，运动员和教练可能对完美的动作感兴趣，而视觉跟踪可以帮助他们更容易看到运动模式。"形态"可能不如动作捕捉软件回放动作那样直观，但机制是类似的。同样，电影导演可以用"电影度量"研究颜色的使用和电影的动态。工程师可能会发现现实空间中的信号强度，这有助于研究改善 Wi-Fi 技术。

这让人们再次开始思考"数据艺术是什么"，或者是更重要的问题——可视化是什么。

图 2—28　蒂莫·阿尔诺、容恩·克努特森和埃纳·斯尼夫·马提纽森的"无形：灯光 Wi-Fi 图"（2011）
资料来源：https://vimeo.com/20412632，蒂莫·阿尔诺拍摄

可视化是一种应用广泛的媒介。在某一范围内有不同类型的可视化，但它们并没有明确清晰的界限（也没有必要）。比如说，电影可以同时是纪录片和剧情片，甚至也可以同时是喜剧片和恐怖片。可视化作品既可以是艺术的，同时又是真实的。

　　例如，花蕊设计公司（Stamen Design）以实用和美观的交互设计而闻名。他们在其实验性的作品"美丽的地图"中加入了旋转艺术，如图 2—29 所示。他们从 Flickr、Natural Earth 和 OpenStreetMap 等社交网站获取免费的数据，然后用这些数据绘制成地图。他们的数据有六个层次，分别绘制的地图从地理位置上看是标准的，但如果用半透明色把它们画在一起，就会看到不同的东西。他们使用了真实的数据源，并按地理位置绘制地图，但通过整合所有的数据源并使用非传统的美学设计，地形外观看起来就不一样了。

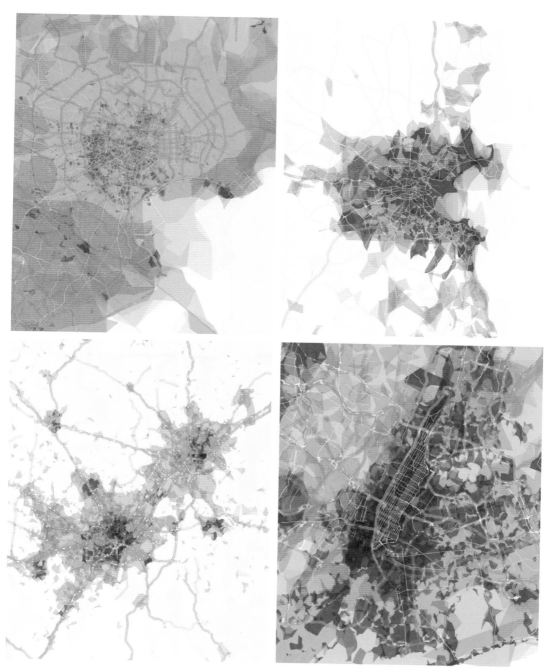

图 2—29　花蕊设计公司的"美丽的地图"（2010）

资料来源：http://prettymaps.stamen.com/

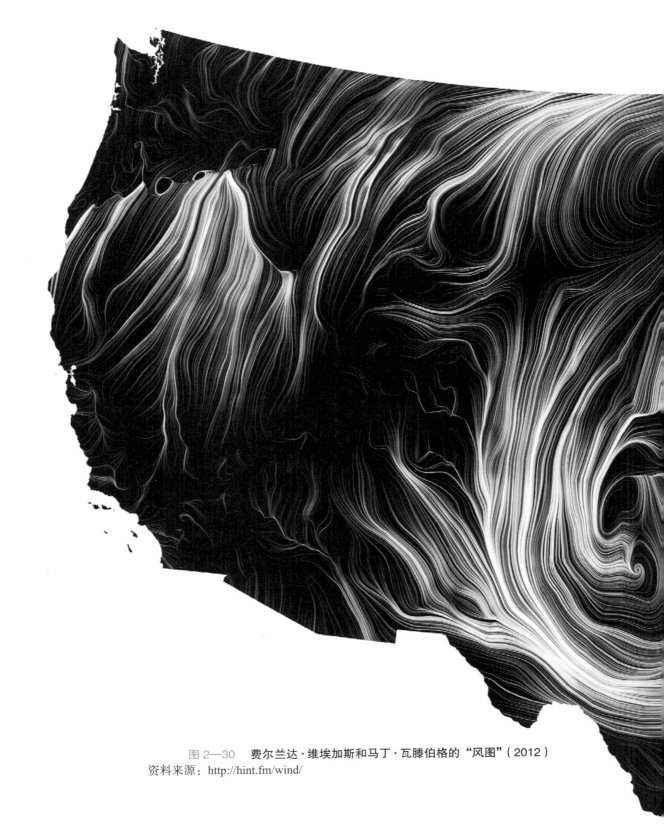

图 2—30　费尔兰达·维埃加斯和马丁·瓦滕伯格的"风图"（2012）

资料来源：http://hint.fm/wind/

在费尔兰达·维埃加斯和 马丁·瓦滕伯格的另一幅作品"风图"（Wind Map）中，他们将可视化用作工具和表达方式，绘制了全美各地风的流动模式，如图2—30所示。数据来自国家数字预测数据库（National Forecast Database）的预报，每小时更新一次。你可以通过缩放和平移数据库来进行研究，还可以把鼠标停在某处了解该地风速和方向。地图上风的流动越集中、越快，预报的风速就越大。

对于研究风的模式的气象学家或是教授气象原理的老师，这个图很有用，但维埃加斯和瓦滕伯格将其看作艺术品。他们的目的是赋予环境生命感，使它看上去很美。

图2—31是乔纳森·哈里斯（Jonathan Harris）和塞普·卡姆瓦尔（Sep Kamvar）制作的"我想要你要我"，这是一个装置作品，受纽约现代艺术博物馆委托而设计。和杜布瓦的地图（见第1章）类似，哈里斯和卡姆瓦尔的作品也从交友网站收集数据。这些网站统计了人们是如何标识自己的，以及他们想和什么样的人在一起。"我想要你要我"这个图分析了人们的简介，从中抽取出类似"我是"或"我想找"这样的句子，然后用漂浮在交互天空中的气球代表每句话。每个气球上都绘有那个人的剪影，就好像他或她漂浮的希望，希望找到理想的伴侣。（顺便说一下，这个装置是在情人节安装的。）

虽然有各种统计分类，如最佳首次约会、欲望和挑逗，但安装在高清大触摸屏上的"我想要你要我"就像一个故事，你可以瞥见并探索人们对于感情的追寻。你很容易沉浸在这些数据中，这些数据既是个性化的，又很容易与读者建立起关联。用传统的图表很难做到这些。也就是说，高质量的数据艺术和其他可视化一样，仍是由数据引导设计的。

## 日常生活中的可视化

日常生活中也有可视化，尤其是因为几乎所有互联网上的内容都储存在数据库中。由于人们越来越习惯于电脑上的相互交流，开发人员可以创造出一次显示更多数据的界面。对于应用开发者来说，这很棒，因为数据的海量增长需要新的视图，旧的已无法再用。对于使用者来说，这使我们更易于理解数据，从而能获得更好的体验。

2004年，马科斯·魏斯坎（Marcos Weskamp）创建了"新闻地图"（newsmap），这是个查看谷歌新闻的树图，如图2—32所示。如果你直接访问谷歌新闻，会看到标准的新闻标题列表，并配有缩略图。一些头条新闻列在最上方，而最近发生的新闻则出现在右边栏里。

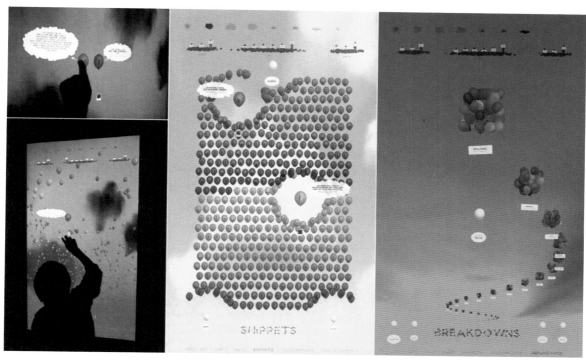

图 2—31　乔纳森·哈里斯和塞普·卡姆瓦尔的"我想要你要我"（2008）
资料来源：http://www.iwantyoutowantme.org/

　　然而魏斯坎的"新闻地图"由热门程度来决定新闻标题的字体大小，统计则基于大量的相关文章。地图中每个矩形代表一个可点击的新闻，颜色则根据主题的不同而不同，如国际新闻、国内新闻或商业新闻。这样，你一眼就能看到世界正在发生着什么，同时你还有各种选择（如感兴趣的国家和时间段），你也可以添加或删除主题。

　　地理图作为搜索工具被大量使用。人们主要用它在网上查询从 A 点到 B 点的路线。随着开发者加入信息层及功能的增多，完整的地理图应用程序还可以提供各个地区的信息和背景知识。

当然，谷歌地图使用最为广泛，你可以用它查询附近的商店、餐厅和其他场所，但这个应用通常只显示指定位置的指针和标志。有时候，你可能想知道某个地方的发展趋势和模式，或只是想大致了解一下，比如当你想换个地方生活时。Trulia 这个网站可以帮助你寻找房产，它提供了有用的信息层，而不只是出售房屋，如图 2—33 所示。

图 2—32　马科斯·魏斯坎的"新闻地图"

资料来源：http://newsmap.jp

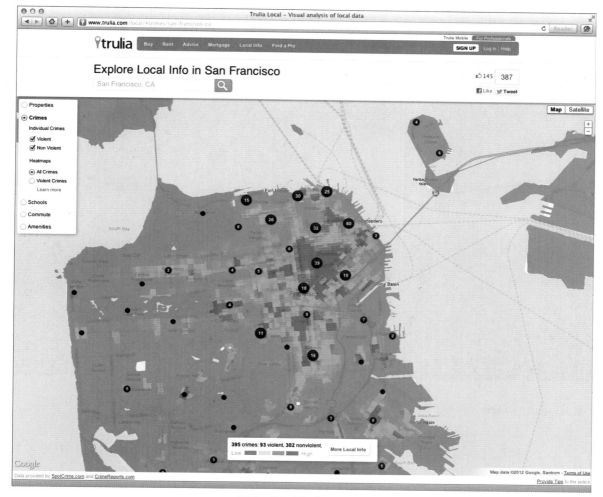

图 2—33　Trulia Laocal

资料来源：http://www.trulia.com/local

　　你可以查看犯罪情况，包括暴力犯罪和非暴力犯罪；你也可以按评价筛选学校，还可以查询到某地的通勤时间。除了面积和价格，这个应用还会提供更多的信息，帮助你在购买房屋时做出明智的决定。

　　还有一些应用完全改变了你与数据的交互和关系。Bloom 工作室开发的"Planetary"是一款 iPad 应用，它可以将你的 iTunes 音乐库放到太阳系背景中。艺术家是恒星，专辑是行星，绕着恒星旋转，而曲目则是卫星，绕着行星旋转。你不必再从音乐库中跳到选中的歌曲，音乐已被转换成可以探索和重新发现的风景。通过 iPad 的触摸屏使用"Planetary"，这些数据几乎变得触手可及（见图 2—34）。

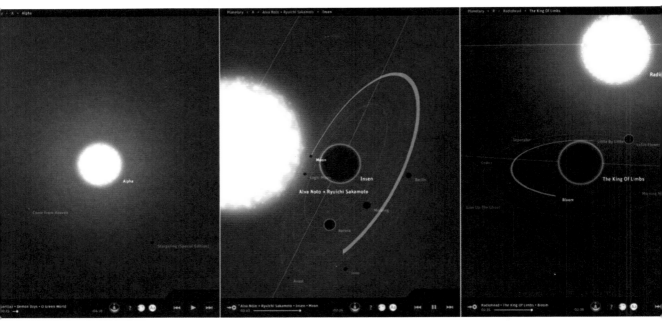

图 2—34　Bloom 工作室的"Planetary"

资料来源：http://planetary.bloom.io/

　　如果数据确实是可以触摸的，那嵌在实际物体中又会是怎样的呢？如图 2—35 所示，2010 年，"Really Interesting Group"[①] 把各种数据，譬如音乐网站 Last.fm 上的数据，Dopplr 记录的旅行里程，Flickr 使用的光圈等做成了个性化的圣诞装饰品的形状。

　　瑞秋·宾西（Rachel Binx）和 黄沙（Sha Hwang）精简了"meshu"的流程。"meshu"是一个基于地理位置定制首饰的服务。你可以在地图上选好地点，然后制作自己的项链、耳环或袖扣，用木材、亚克力、尼龙或银制作都行。

　　定位数据代表你当前的位置、去过的地方以及将要去的地方，因此每个"meshu"作品就像是你可以戴在身上的生活缩影。

———————————

① Really Interesting Group 是伦敦的一个创意组合，由设计师、工程师和策略专家组成。——译者注

图 2—35　RIG 的 "datadecs"

资料来源：http://datafl.ws/25v

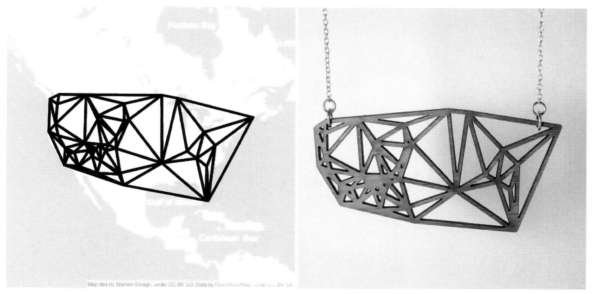

图 2—36　瑞秋·宾西和黄沙的 "meshu"

资料来源：http://meshu.io/

随着移动技术的进步，数字和物质间的差距变得更小，可视化将在连接这两个世界的过程中发挥出更大的作用。

## 小结

可视化的定义在不同的人眼中是不一样的。作为一个整体，可视化的广度每天都在变化。遇到关于如何展示数据的规则和设计建议时，一定要了解其背景。

写作时，需要知道语法和句法，但懂得灵活运用规则很重要。某种拍电影的模式行得通，但打破模式往往能取得巨大的成功。

对于可视化来说，要借鉴前人的作品并牢记准则，但不要让那些准则阻碍你以最好的方式实现目标，并将信息传达给读者。正如你在本章所看到的，可视化的目的不同，目标读者可能就会迥然不同。但无论如何，可视化作为一种媒介，用处很大。

第3章

掌握可视化设计的原材料

所谓可视化数据，其实就是根据数值，用标尺、颜色、位置等各种视觉暗示的组合来表现数据。深色和浅色的含义不同，二维空间中右上方的点和左下方的点含义也不同。

可视化是从原始数据到条形图、折线图和散点图的飞跃。它帮助我们把第 1 章中的那个相格逐渐变成如图 3—1 所示的条形图。

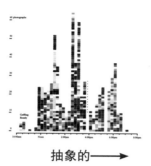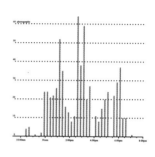

◀——原始的　　　　　　　抽象的——▶

图 3—1　　抽象的过程

很容易以为这个过程很方便，因为软件可以帮忙插入数据，你立刻就能得到反馈。其实在这中间还需要一些步骤和选择，如用什么图形编码数据？什么颜色对你的寓意和用途是最合适的？可以让计算机帮你做出所有的选择以节省时间，但是自己选择有很多好处。至少，如果清楚可视化的原理以及整合、修饰数据的方式，你就知道如何指挥计算机，而不是让计算机替你做决定。

可视化在很多地方和烹饪有些类似。你是主厨，数据、图形和颜色是你的食材。经验丰富的主厨知道如何准备和搭配食材，以及如何摆放食物，才能做出一桌美味佳肴。而经验不足的厨师，只会把脑袋伸进冰箱冷冻室里，看看有什么看上去还行的微波食品，弄出一顿难以下咽的晚饭。当然了，有的微波食品还是很好吃的，只是大多数都很一般。

那些只会在微波炉上选择时间和火力调节的人，要么不得不忍受糟糕的饭菜，要么只能在那少数几种还不错的微波食品中选择。精于烹饪的人就不会受到这样的限制。经验丰富的厨师也能把普通的冷冻食品变成美味大餐。同样，对于可视化，如果你知道如何解释数据，以及图形元素是如何协作的，得到的结果通常比软件做的好。

# 各种可视化组件

可视化有哪些组件？从图 3—2 中可以看到，基于数据的可视化组件可以分为四种：视觉暗示、坐标系、标尺以及背景信息。不论在谱图的什么位置，可视化都是基于数据和这四种组件创建的。有时它们是显式的，而有时它们则会组成一个无形的框架。这些组件协同工作，对一个组件的选择会影响到其他组件。

**小贴士：** 地图绘制专家雅克·柏丁（Jacques Bertin）在《图形符号学》（Semiology of Graphics）一书中描述了类似的分类，之后统计学家利兰·威尔金森（Leland Wilkinson）在《图形语法》（The Grammar of Graphics）中给出了一个变体。

## 视觉暗示

可视化最基本的形式就是简单地把数据映射成彩色图形。它的工作原理就是大脑倾向于寻找模式，你可以在图形和它所代表的数字间来回切换。这一点很重要。你必须确定数据的本质并没有在这反复切换中丢失，如果不能映射回数据，可视化图表就只是一堆无用的图形。

你必须根据目的来选择合适的视觉暗示，并正确使用它。而这又取决于你对形状、大小和颜色的理解。看看图 3—3，它展示出了有哪些是我们能用的视觉暗示。

### 位置

用位置作视觉暗示时，要比较给定空间或坐标系中数值的位置。如图 3—4，观察散点图（scatter plot）的时候，是通过一个点的 $x$ 坐标和 $y$ 坐标以及和其他点的相对位置来判断一个数据点的。

只用位置作视觉暗示的一个优势就是，它往往比其他视觉暗示占用的空间更少。因为你可以在一个 XY 坐标平面里画出所有的数据，每一个点都代表一个数据。与其他用尺寸大小来比较数值的视觉暗示不同，坐标系中所有的点大小相同。然而，绘制大量数据之后，你一眼就可以看出趋势、群集和离群值。

这个优势同时也是劣势。观察散点图中的大量数据点，很难分辨出每一个点分别表示什么。即便是在交互图中，仍然需要鼠标悬停在一个点上以得到更多信息，而点重叠时会更不方便。

## 组件

不同组件组合在一起构成图表。有时它们直接显示在可视化视图中，有时它们则形成背景图。这都取决于数据本身。

### 视觉暗示

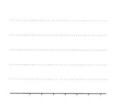

可视化包括用形状、颜色和大小来编码数据，选择什么取决于数据本身和目标。

### 坐标系

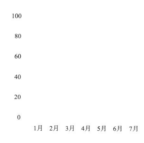

用散点图映射数据和用饼图是不一样的。散点图中中有 $x$ 坐标和 $y$ 坐标，其他图中则有角度，就像直角坐标系和极坐标系的对比。

### 标题

描述数据以及高亮显示的内容

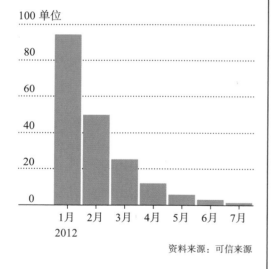

资料来源：可信来源

### 标尺

有意义的增量可以增强可读性，就像改变焦点一样。

### 背景信息

如果读者对数据不熟悉，应该阐明数据的含义以及读图的方式。

资料来源：可信来源

图 3—2　可视化组件

## 视觉暗示

可视化数据的时候，用形状、大小和颜色来编码数据。

**位置**
数据在空间中的位置

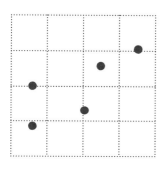

**长度**
图形的长度

**角度**
向量的旋转

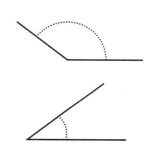

**方向**
空间中向量的斜度

**形状**
符号类别

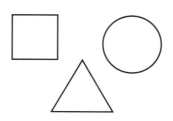

**面积**
二维图形的大小

**体积**
三维图形的大小

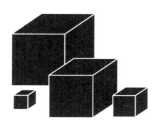

**饱和度**
色调的强度

**色调**
通常就是指颜色

图 3—3　**可视化可用的视觉暗示**

91

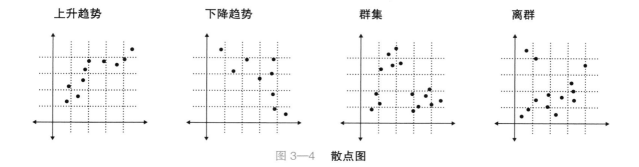

图 3—4　散点图

### 长度

长度通常用于条形图中。条形越长，绝对数值越大。不同方向上，如水平方向、垂直方向或者圆的不同角度上都是如此。

如何形象地判断长度？长度是从图形一端到另一端的距离，因此要用长度比较数值，就必须能看到线条的两端。否则得到的最大值、最小值及其间的所有数值都是有偏差的。

图 3—5 给出了一个简单的例子，它是一家主流新闻媒体在电视上展示的一幅税率调整前后的条形图。

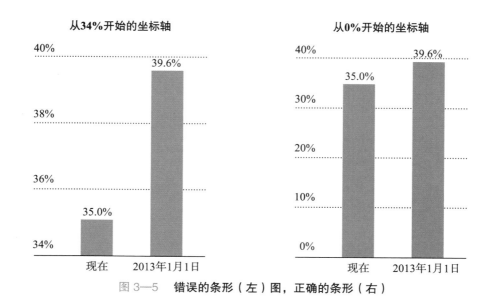

图 3—5　错误的条形（左）图，正确的条形（右）

左图中两个数值看上去有巨大的差异。因为数值坐标轴从 34% 开始，导致右边条形长度几乎是左边条形长度的五倍。而右图中坐标轴从 0 开始，数值差异看上去就没有那么夸张了。当然，你可以随时注意坐标轴，印证你所看到的（也本应如此），但这无疑破坏了用长度表示数值的本意，而且如果图表在电视上一闪而过的话，大部分人是不会注意到这个错误的。

### 角度

角度的取值范围从 0 度到 360 度，构成一个圆。有 90 度直角，大于 90 度的钝角和小于 90 度的锐角。直线是 180 度。

0 度到 360 度之间的任何一个角度，都隐含着一个能和它组成完整圆形的对应角，这两个角被称作共轭（conjugates）。这就是通常用角度来表示整体中部分的原因。虽然常遭到批评，但图 3—6 中的饼图还是颇受欢迎。图中所有的楔形组成了一个完整的圆。

> 小贴士：尽管圆环图常被当作是饼图的近亲，但圆环图的视觉暗示是弧长，因为可以表示角度的圆心被切除了。

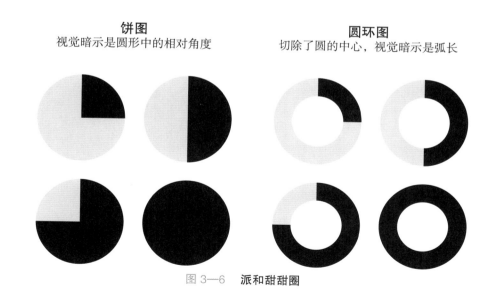

饼图
视觉暗示是圆形中的相对角度

圆环图
切除了圆的中心，视觉暗示是弧长

图 3—6　**派和甜甜圈**

### 方向

方向和角度类似。角度是相交于一个点的两个向量，而方向则是坐标系中一个向量的方向。你可以看到上下左右及其他所有方向。这可以帮助你测定斜率，如图 3—7 所示。在这个图中你可以看到增长、下降和波动。

对变化大小的感知在很大程度上取决于标尺，如图 3—8 所示。举例来说，你可以放大比例让一个很小的变化看上去很大，同样也可以缩小比例让一个巨大的变化看上去很小。

一个经验法则是，缩放可视化图表，使波动方向基本都保持在 45 度左右。这并不是一个固定规则，你最好是从这个建议开始，根据实际情况进行调整。如果变化很小但却很重要，就应该放大比例以突出差异。相反，如果变化微小且不重要，那就不需要放大比例使之变得显著了。

## 时序中的方向

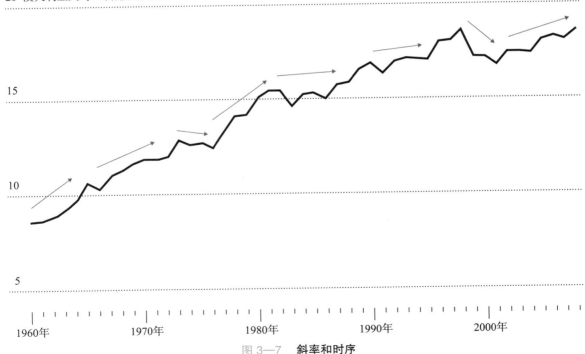

20 澳大利亚人均二氧化碳排放量（单位：吨）

图 3—7　**斜率和时序**

资料来源：世界银行集团

**数值相同，斜率不同**

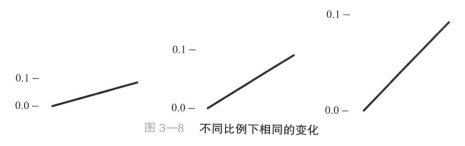

图 3—8　**不同比例下相同的变化**

### 形状

　　形状和符号通常被用在地图中，以区分不同的对象和分类。地图上的任意一个位置可以直接映射到现实世界，所以用图标来表示现实世界中的事物是合理的。比如，你可以用一些树表示森林，用一些房子表示住宅区。

　　在图表中，形状已经不像以前那样频繁地用于显示变化。在纸笔绘图、计算机还用打孔卡片的时代，符号更易于区分不同的类别。例如，在图 3—9 中你可以看到，三角形和正方形

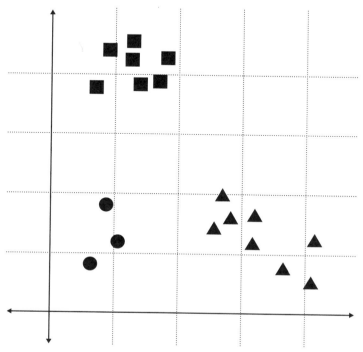

图 3—9　**散点图中的不同形状**

都可以用在散点图中，比起频繁地更换不同颜色的钢笔和铅笔，或者用单色和交叉阴影线填充一个形状要快得多。不过，不同的形状比一个个点能提供的信息更多，而且通常用你最熟悉的软件就可以绘制。

### 面积和体积

大的物体代表大的数值。长度、面积和体积分别可以用在二维和三维空间中表示数值的大小。二维空间通常用圆形和矩形，三维空间一般用立方体或球体。你也可以更为详细地标出图标和图示的大小。

一定要注意你用的是几维空间。最常见的错误就是只使用一维（如高度）来度量二维、三维的物体，却保持了所有维度的比例。这会导致图形过大或者过小，无法正确比较数值。

假设你用正方形这个有宽和高两个维度的形状来表示数据。数值越大，正方形的面积就越大。如果一个数值比另一个大 50%，你希望正方形的面积也大 50%。然而很多软件的默认行为是把正方形的边长增加 50%，而不是面积，这会得到一个非常大的正方形，面积增加了 125%，而不是 50%。见图 3—10 中显示的跳跃式差距。三维物体也有同样的问题，而且会更加明显。把一个立方体的长宽高各增加 50%，立方体的体积将会增加大约 238%。

### 颜色

颜色视觉暗示分两类，色相（hue）和饱和度。两者可以分开使用，也可以结合起来用。色相就是通常所说的颜色，如红色、绿色、蓝色等。不同的颜色通常用来表示分类数据，每个颜色代表一个分组。饱和度是一个颜色中色相的量。假如选择红色，高饱和度的红就非常浓，随着饱和度的降低，红色会越来越淡。同时使用色相和饱和度，可以用多种颜色表示不同的分类，每个分类有多个等级。

对颜色的谨慎选择能给数据增添背景信息。因为不依赖于大小和位置，你可以一次性编码大量的数据。不过，要时刻考虑到色盲人群，确保所有人都可以解读你的图表。有将近 8% 的男性和 0.5% 的女性是红绿色盲，如果只用这两种颜色编码数据，这部分读者会很难理解你的可视化图表。图 3—11 显示了色盲人群看到的形状。

## 度量面积

**1个单位**

**4个单位面积大小**

1个单位正方形面积
的4倍

**误用4个单位边长**

1个单位正方形面积的16倍

## 度量体积

**1个单位**

**4个单位体积大小**

1个单位立方体体积
的4倍

**误用4个单位边长**

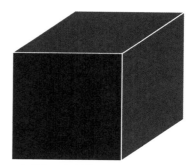

1个单位立方体体积的64倍

图 3—10　**正方形和立方体，不同的度量维度**

那这是不是意味着不能在图表中使用红色和绿色呢？当然不是的，你可以组合使用这几节里介绍的多种视觉暗示，使所有人都可以分辨得出。

**小贴士：**想一想，红绿色盲的人是如何识别红绿灯的？他们观察亮灯的顺序。

无色觉缺陷

红色盲

绿色盲

图 3—11　色觉缺陷人群感知到的颜色

**感知视觉暗示**

1985 年，AT&T 贝尔实验室的统计学家威廉·克利夫兰（William Cleveland）和罗伯特·麦吉尔（Robert McGill）发表了关于图形感知和方法的论文。研究焦点是确定人们理解上述视觉暗示（不包括形状）的精确程度，最终得出了如图 3—12 所示从最精确到最不精确的排序清单。

很多可视化建议和最新的研究都源于这份清单，它把条形图置于饼图之上，热区图在最后。这是一个合理的建议，你可以在第 5 章中找到更多的信息。但请记住，这份清单并不意味着散点图总是比气泡图好，而饼图总是最糟糕的。

盲目相信这份清单就是把可视化想得太简单了。如第 2 章所述，效率和准确度往往不是最终目标。也就是说，不管数据是什么，最好的办法是知道人们能否很好地理解视觉暗示，领会图表所传达的信息。换句话说，你要把这个排序清单作为一个参考，而不是规则手册。

## 坐标系

编码数据的时候，总得把物体放到一定的位置。有一个结构化的空间，还有指定图形和颜色画在哪里的规则，这就是坐标系，它赋予 XY 坐标或经纬度以意义。有几种不同的坐标系，图 3—13 所示的三种坐标系几乎可以覆盖所有的需求，它们分别为直角坐标系（也称为笛卡尔坐标系）、极坐标系和地理坐标系。

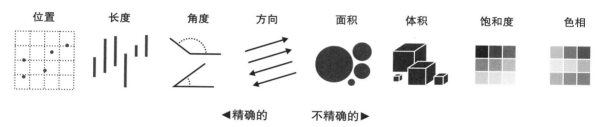

图 3—12　克利夫兰和麦吉尔的视觉暗示排序清单

## 直角坐标系

直角坐标系是最常用的坐标系。如果你用过条形图或散点图，就已经接触过直角坐标系了。通常可以认为坐标就是被标记为（$x, y$）的 XY 值对。坐标的两条线垂直相交，取值范围从负到正，组成了坐标轴。交点是原点，坐标值指示到原点的距离。举例来说，（0, 0）点就位于两线交点,(1, 2)点在水平方向上距离原点一个单位,在垂直方向上距离原点 2 两单位。

完整地回忆一下这个高中学到的几何知识，可以用距离公式计算任意两点，如（$x_1, y_1$）和（$x_2, y_2$）间的距离。

$$距离 = \sqrt{(x_2 - x_1)^2 + (y_2 - y_1)^2}$$

直角坐标系还可以向多维空间扩展。例如，三维空间可以用（$x, y, z$）三值对来替代（$x, y$）。你可以用直角坐标系来画几何图形，它使你在空间中画图变得更为容易。从实现的角度来看，坐标系可以帮助你把数据编码输出到纸上或显示器上。

## 极坐标系

你用过饼图吗？如果用过的话,那你就已经用过极坐标系了。尽管你可能只用到了角度，还没有用到半径。见图 3—13，极坐标系由一个圆形网格构成，最右边的点是零度，角度越大，逆时针旋转越多。距离圆心越远，半径越大。

将自己置于最外层的圆上，增大角度，逆时针旋转到垂直线（或者直角坐标系的 y 轴），就得到了 90 度，也就是直角。再继续旋转四分之一，到达 180 度。继续旋转直到返回起点，就完成了一次 360 度的旋转。沿着内圈旋转，半径会小很多。

极坐标系没有直角坐标系用得多，但在角度和方向很重要时它会更有用。

## 坐标系

坐标系有很多种，从圆柱体到球体，但以下这三种坐标系几乎可以覆盖所有的需求。

### 直角坐标系

如果你绘制过图表，就会很熟悉这个XY轴坐标系。

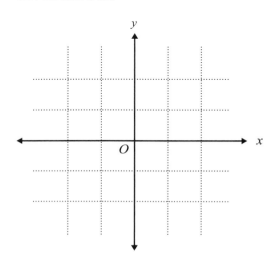

### 极坐标系

饼图用的就是极坐标系。坐标基于半径r和角度θ。

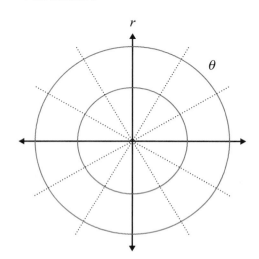

### 地理坐标系

经度和纬度用来标识世界各地的位置。因为地球是圆的，所以有多种不同的投影方法来显示二维地理数据。图中用的是温克尔投影（Winkel tripel）。[①]

图 3—13　**常用坐标系**

---

① 一种伪圆柱投影，于 1921 年由奥斯瓦尔德·温克尔（Oswald Winkel）发明。——译者注

## 地理坐标系

位置数据的最大好处就在于它与现实世界的联系。这反过来能给相对于你的位置的数据点带来即时的环境信息和关联信息。用地理坐标系可以映射位置数据。位置数据的形式有许多种，但通常都是用纬度和经度来描述，分别相对于赤道和子午线的角度，有时还包含高度。

纬度线是东西向的，标识地球上的南北位置。经度线是南北向的，标识东西位置。高度可被视为第三个维度。相对于直角坐标系，纬度就好比水平轴，经度就好比垂直轴。也就是说，相当于使用了平面投影。

绘制地表地图最关键的地方是要在二维平面上（如计算机屏幕）显示球形物体的表面。有多种不同的实现方法，被称为投影。如图3—14所示，这些投影都有各自的优缺点。

当你把一个三维物体投射到二维平面上时，会丢失一些信息，与此同时，其他信息则被保留下来了。例如，麦卡托投影法（Mercator projection）在局部区域保持角度不变（等角）。它是由地图学家杰拉杜斯·麦卡托（Geradus Mercator）于16世纪发明，主要用于绘制航海地图，目前仍是在线地图使用最多的投影法。亚尔勃斯投影（Albers projection）[①]保持面积不变，但是形状改变了。你关注的焦点决定了选择哪种投影法比较好。

## 标尺

坐标系指定了可视化的维度，而标尺则指定了在每一个维度里数据映射到哪里。标尺有很多种，你也可以用数学函数定义自己的标尺，但是基本上不会偏离图3—15中所展示的标尺。这些标尺分为三种，包括数字标尺、分类标尺和时间标尺。

---

① 又称等积圆锥投影，由德国人亚尔勃斯（H. C. Albers）于1805年提出的一种保持面积不变的正轴等面积割圆锥投影。——译者注

## 地图投影

### 等距圆柱投影

通常用于专题地图，面积和角度会有投影变形。

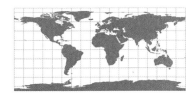

### 亚尔勃斯投影

经纬长度和形状有投影变形，角度失真很小。

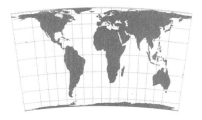

### 麦卡托投影

局部区域角度和形状不变，可正确显示方向。

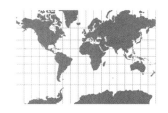

### 等角圆锥投影

能更好地显示较小的区域，通常用于航空地图。

### 正弦投影

保持面积不变形，多用于子午线附近区域。

### 圆锥投影

在20世纪中期美国地图学家用的较多。子午线附近的失真很小。

### 温克尔投影

面积、角度和长度的失真最小，是世界地图的较好选择。

### 罗宾森投影

面积和角度失真的折衷方案，也是世界地图一个较好的选择。

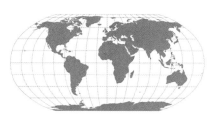

### 正投影

在二维空间里表现三维物体，需要旋转到目标区域。

图 3—14　**地图投影**

## 标尺

和坐标系一起决定了图形的位置以及投影的方式。

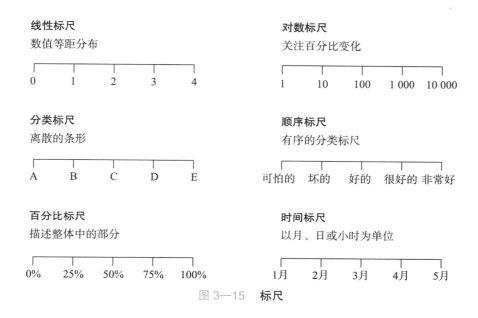

**线性标尺**
数值等距分布

0   1   2   3   4

**对数标尺**
关注百分比变化

1   10   100   1 000   10 000

**分类标尺**
离散的条形

A   B   C   D   E

**顺序标尺**
有序的分类标尺

可怕的  坏的  好的  很好的 非常好

**百分比标尺**
描述整体中的部分

0%  25%  50%  75%  100%

**时间标尺**
以月、日或小时为单位

1月  2月  3月  4月  5月

图 3—15　标尺

## 数字标尺

　　线性标尺上的间距处处相等，无论处于坐标轴的什么位置。因此，在标尺的低端测量两点间的距离，和在标尺高端测量的结果是一样的。然而，对数标尺是随着数值的增加而压缩的。对数标尺不像线性标尺那样被广泛使用。对于不常和数据打交道的人来说，它不够直观，也不好理解。但如果你关心的是百分比变化而不是原始计数，或者数值的范围很广，对数标尺还是很有用的。

　　比如，当比较美国各州人口时，处理的数据少以十万计，多则数千万。截至写这本书时，加利福尼亚州有将近 3 800 万人口，而怀俄明州只有 60 万人口。如图 3—16 所示，用线性标尺，人口少的州集中在底部，少数几个州位于顶部。而用对数标尺的话，更容易看清位于底部的点。

　　百分比标尺通常也是线性的，用来表示整体中的部分时，最大值是 100%。如图 3—17 所示，所有的部分总和是 100%。很明显，饼图中所有部分的百分比总和不可能超过 100%，但是偶尔也会出错。有时是因为标错，但有时是因为制作者不熟悉这个概念。

### 分类标尺

数据并不总是以数字形式呈现的。它们也可以是分类的，比如人们居住的城市，或政府官员所属党派。分类标尺为不同的分类提供视觉分隔，通常和数字标尺一起使用。拿条形图来说，你可以在水平轴上使用分类标尺，在垂直轴上用数字标尺，这样就可以显示不同分组的数量和大小了，如图3—18所示。

分类间的间隔是随意的，和数值没有关系。通常会为了增加可读性而进行调整，在第5章会进行详细的讨论。

顺序和数据背景信息相关。当然，也可以相对随意，但对于分类的顺序标尺来说，顺序就很重要了。比如，将电影的分类排名数据按从糟糕的到非常好的这种顺序显示，能帮助观众更轻松地判断和比较影片的质量。

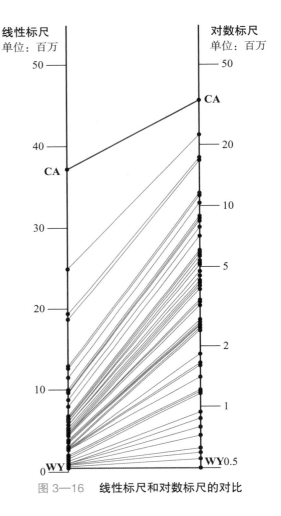

图 3—16　线性标尺和对数标尺的对比

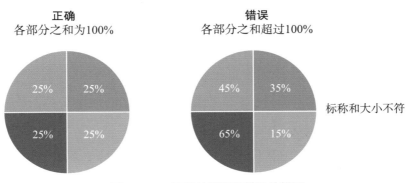

图 3—17　正确的饼图和错误的饼图

### 时间标尺

时间是连续变量，你可以把时间数据画到线性标尺上，也可以将其分成月份或者星期这样的分类，作为离散变量处理。当然，它也可以是周期性的，如图3—19，总有下一个正午、下一个星期六和下一个一月份。

我们在第1章中见过致命车祸的图表，包括年度的、月度的、每日的和每小时的。数据都是连续的，然而按时刻、星期、月（跨年）进行整合会呈现出不同的视图。

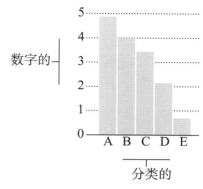

图 3—18　条形图中的数字标尺和分类标尺

和读者沟通数据时，时间标尺带来了更多的好处，因为和地理地图一样，时间是日常生活的一部分。随着日出和日落，在时钟和日历里，我们每时每刻都在感受和体验着时间。

## 背景信息

背景信息（帮助更好地理解数据相关的 5W 信息，即何人、何事、何时、何地、为何）可以使数据更清晰，并且能正确引导读者。至少，几个月后回过头来再看的时候，它可以提醒你这张图在说什么。

有时背景信息是直接画出来的，有时它们则隐含在媒介中。比如，图 3—20 中，设计师马特·罗宾森（Matt Robinson）和汤姆·维格勒沃斯（Tom Wrigglesworth）用不同的圆珠笔和字体在墙上画了 "sample" 这个单词。因为不同字体的墨水使用量不同，每支笔所剩的墨水也不一样多，于是就产生了一幅有趣的图，图中不再需要标注数字坐标轴，因为不同的笔及其墨水含量已经包含这个信息了。

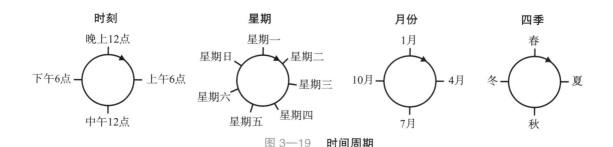

图 3—19　时间周期

105

设计师乔治·考基尼狄斯（George Kokkinidis）用相似的方法处理了 iPad 的使用状况，如图 3—21 所示。和比较剩余墨水不同，他追踪了自己使用 iPad 不同应用时的手指印痕。例如，使用电子邮件时，大部分时间是在打字输入，因此键盘位置的指印最为明显，两侧还有一些划屏滚动的痕迹。与此相反，玩愤怒的小鸟时，更多的交互出现在屏幕左下角。

当然，你很难总是用熟悉的真实物体来得到背景信息，因此只能用别的方式来提供类似标尺的感觉。最容易、最直接的方法就是标注坐标轴、制定度量单位，或者直接告诉读者每一种视觉暗示表示什么。否则，数据抽象出来后，就无法理解其形状、大小和颜色了，等于显示了一团乱糟糟的东西。

至少你可以很容易地用一个描述性标题来让读者知道他们将要看到的是什么。想象一幅呈上升趋势的汽油价格时序图，可以把它叫作"油价"，这样显得清楚明确。你也可以叫它"上升的油价"，来表达出图片的信息。你还可以在标题底下加上引导性文字，描述价格的浮动。

你选择的视觉暗示、坐标系和标尺都可以隐性地提供背景信息。明亮、活泼的对比色和深的、中性的混合色表达的内容是不一样的。同样，地理坐标系让你置身于现实世界的空间中，直角坐标系的 XY 坐标轴只停留在虚拟空间。对数标尺更关注百分比变化而不是绝对数值。这就是为什么注意软件默认设置很重要。

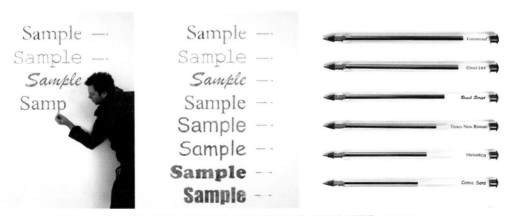

图 3—20　**马特·罗宾森和汤姆·维格勒沃斯的"字体测量"**(2010)
资料来源：http://datafl.ws/27m

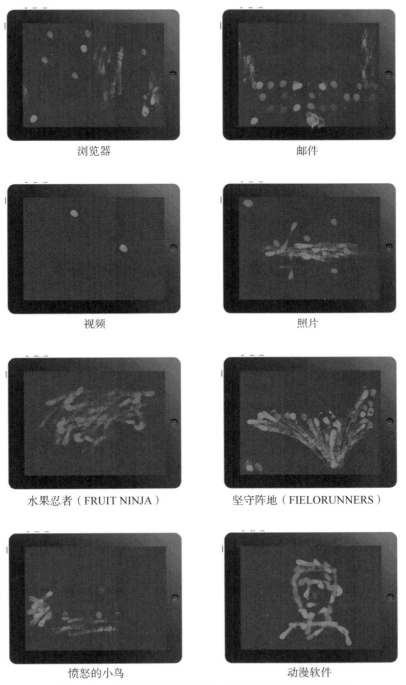

图 3—21　乔治·考基尼狄斯的"消失界面的痕迹"(2010)
资料来源：http://datafl.ws/27n

现有的软件越来越灵活，越来越快，但是软件无法理解数据的背景信息。软件可以帮你初步画出可视化图形，来研究你的数据，但还要由你做出正确的选择，让计算机为你输出可视化图形。其中，部分来自你对几何图形及颜色的理解，更多则来自练习，以及从观察大量数据和评估不熟悉数据的读者的理解中获得的经验。常识往往也很有帮助。

## 整合可视化组件

你已经准备好了原材料，是做一顿大餐的时候了。单独看这些可视化组件没那么神奇，它们只是漂浮在虚无空间里的一些几何图形而已。如果把它们放在一起，就得到了值得期待的完整的可视化图形。

举例来说，在一个直角坐标系里，水平轴上用分类标尺，垂直轴上用线性标尺，长度作视觉暗示，这时你得到了什么？没错，是条形图。在地理坐标系中使用位置信息，则会得到地图中的一个个点。

在极坐标系中，半径用百分比标尺，旋转角度用时间标尺，面积作视觉暗示，可以画出极区图（polar area diagram），有时也称为南丁格尔玫瑰图。图3—22就是最著名的南丁格尔极区图，显示了该时期内死于那可治愈的疾病人数。

图3—23为本·弗莱（Ben Fry）的"物种起源：适者生存"可视图。他在直角坐标系中使用了颜色和长度以及线性标尺，用生动的交互方式形象地展示了达尔文进化理论在这六个版本中的变化。灰色表示初版的内容，之后的每一种颜色表示一个修订版本，因此可以很容易看出变化的多少。从第一版到第六版，共有975处变动，这些变动生动地反映出了达尔文在思考进化论过程中的思想变化。

图3—24是从1874年出版的美国统计图鉴中选取的死亡人数图表，表中用长度显示各州不同年龄段和性别的死亡人数分布情况。每张图的水平轴用线性标尺表示死亡人数，垂直轴则用数字分类表示年龄段。

图3—25列出了一些常见的组合，包括常用的可视化类型，如折线图、气泡图和等值域图。了解它们怎样相互配合以及如何互补发挥更大的作用很重要。

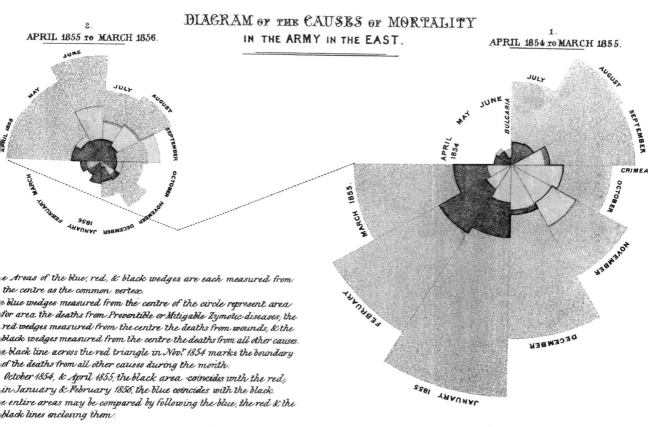

图 3—22　南丁格尔于 1858 年绘制的 "东征军战士死亡原因图"[①]

　　现在尝试着把它们组合在一起。从数据开始，以这个为基础。图 3—26 是美国人口统计局对 1990 年、2000 年和 2009 年各州人口受教育程度（高中学历及以上、学士学位及以上、硕士、博士学位及以上）统计的数据表。数据代表 25 岁及以上人口所占百分比。在开始研究数据前需要了解这些要点。

---

① 这场战争是爆发于 1853 年至 1856 年间的克里米亚战争。南丁格尔为了改善野战医院的卫生条件，挽救更多战士的生命，绘制了这张图。——译者注

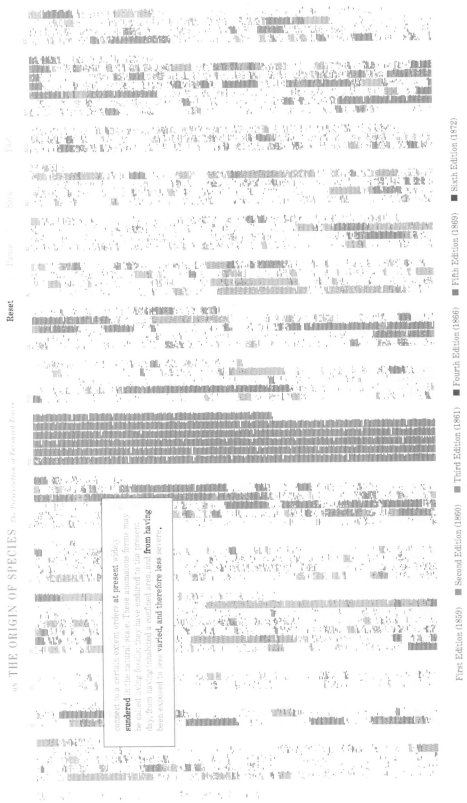

图 3—23　本·弗莱的"物种起源：适者生存"（2009）

资料来源：http://benfry.com/traces/

图 3—24　弗朗西斯·沃尔克（Francis A. Walker）基于 1870 年美国人口数据绘制的死亡人数分布图

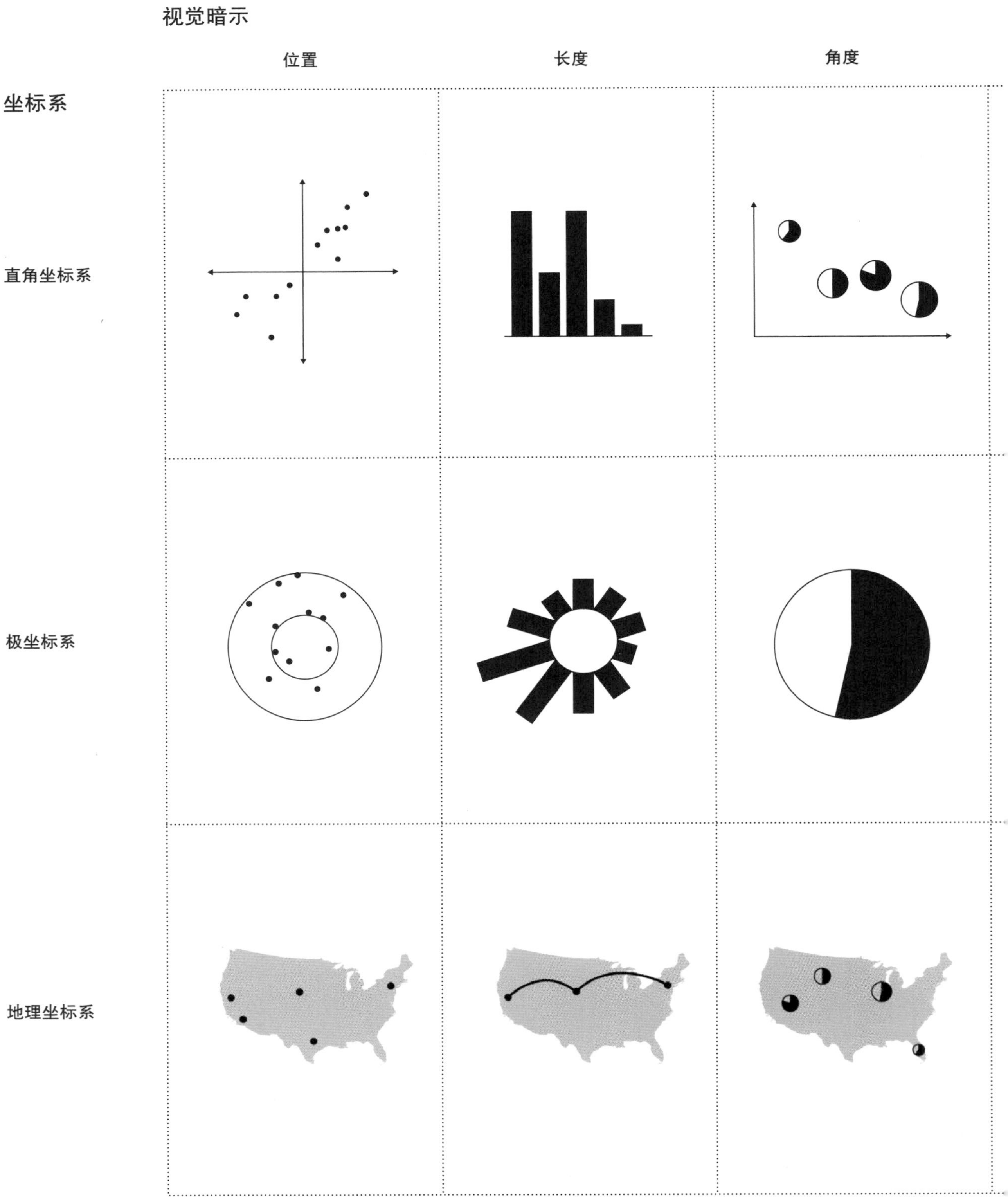

视觉暗示

| 坐标系 | 位置 | 长度 | 角度 |
|---|---|---|---|
| 直角坐标系 | | | |
| 极坐标系 | | | |
| 地理坐标系 | | | |

图 3—25　可视化组件的组合

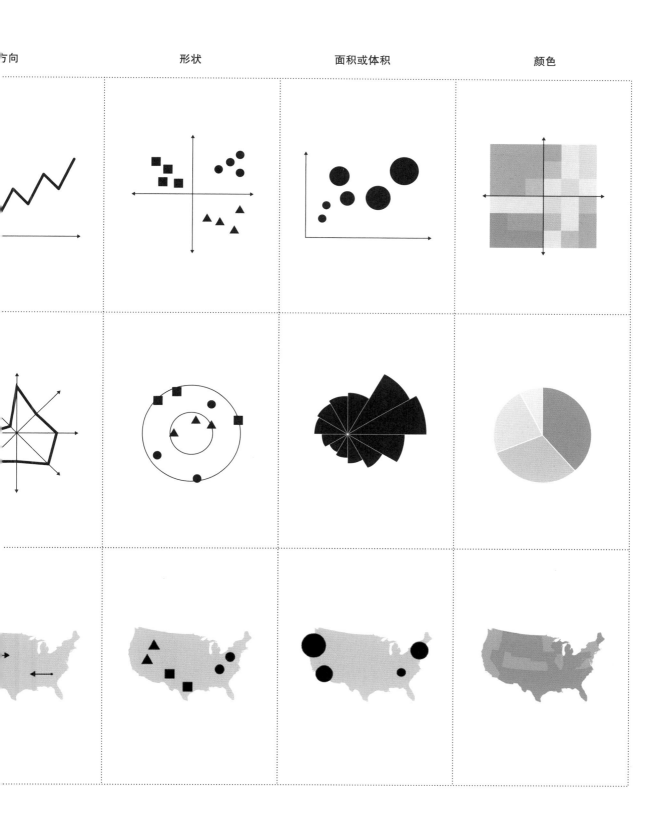

## Table 233, Educational Attainment by State: 1990 to 2009

[in percent. 1990 and 2000 as of April. 2009 represents annual averages for calendar year. For persons 25 years old and over. Based on the 1990 and 2000 Census of Population and the 2009 American Community Survey, which includes the household population and the population living in institutions, college dormitories, and other group quarters. See text, Section 1 and Appendix III. For margin of error data, see source]

| State | 1990 | | | 2000 | | | 2009 | | |
|---|---|---|---|---|---|---|---|---|---|
| | High school graduate or more | Bachelor's degree or more | Advanced degree or more | High school graduate or more | Bachelor's degree or more | Advanced degree or more | High school graduate or more | Bachelor's degree or more | Advanced degree or more |
| United States | 75.2 | 20.3 | 7.2 | 80.4 | 24.4 | 8.9 | 85.3 | 27.9 | 10.3 |
| Alabama | 66,9 | 15.7 | 5,5 | 75.3 | 19,0 | 6.9 | 82,1 | 22.0 | 7,7 |
| Alaska | 86,6 | 23.0 | 8,0 | 88.3 | 24,7 | 8.6 | 91,4 | 26.6 | 9,0 |
| Arizona | 78,7 | 20.3 | 7,0 | 81.0 | 23,5 | 8.4 | 84,2 | 25.6 | 9,3 |
| Arkansas | 66,3 | 13.3 | 4.5 | 75.3 | 16,7 | 5.7 | 82,4 | 18.9 | 6.1 |
| California | 76.2 | 23.4 | 8.1 | 76.8 | 26.6 | 9.5 | 80.6 | 29.9 | 10.7 |
| Colorado | 84,4 | 27.0 | 9,0 | 86.9 | 32,7 | 11.1 | 89.3 | 35.9 | 12,7 |
| Connecticut | 79,2 | 27.2 | 11.0 | 84.0 | 31.4 | 13.3 | 88,6 | 35.6 | 15.5 |
| Delaware | 77,5 | 21.4 | 7,7 | 82.6 | 25,0 | 9.4 | 87,4 | 28.7 | 11,4 |
| District of Columbia | 73,1 | 33.3 | 17,2 | 77.8 | 39.1 | 21.0 | 87.1 | 48.5 | 28,0 |
| Florida | 74.4 | 18.3 | 6.3 | 79.9 | 22.3 | 8.l | 85.3 | 25.3 | 9.0 |
| Georgia | 70.9 | 19.3 | 6.4 | 78.6 | 24.3 | 8.3 | 83.9 | 27.5 | 9.9 |
| Hawaii | 80,1 | 22.9 | 7,1 | 84.6 | 26,2 | 8.4 | 90,4 | 29.6 | 9,9 |
| Idaho | 79,7 | 17.7 | 5,3 | 84.7 | 21,7 | 6.8 | 88,4 | 23.9 | 7,5 |
| Illinois | 76.2 | 21.0 | 7,5 | 81.4 | 26,1 | 9.5 | 86,4 | 30.6 | 11,7 |
| Indiana | 75,6 | 15.6 | 6.4 | 82.1 | 19,4 | 7.2 | 86,6 | 22.5 | 8.1 |
| Iowa | 80,1 | 16.9 | 5.2 | 86.1 | 21.2 | 6.5 | 90,5 | 25.1 | 7.4 |
| Kansas | 81.3 | 21.1 | 7.0 | 86.0 | 25.8 | 8.7 | 89,7 | 29.5 | 10.2 |
| Kentucky | 64,6 | 13.6 | 5.5 | 74.1 | 17,1 | 6.9 | 81,7 | 21.0 | 8.5 |
| Louisiana | 68,3 | 16.1 | 5.6 | 74.8 | 18,7 | 6.5 | 82,2 | 21.4 | 6,9 |
| Maine | 78.8 | 18.8 | 6.1 | 85.4 | 22,9 | 7.9 | 90.2 | 26.9 | 9.6 |
| Maryland | 78.4 | 26.5 | 10.9 | 83.8 | 31,4 | 13.4 | 88.2 | 35.7 | 16.0 |
| Massachusetts | 80.0 | 27.2 | 10.6 | 84.8 | 33.2 | 13.7 | 89.0 | 38.2 | 16.4 |
| Michigan | 76.8 | 17.4 | 6.4 | 83.4 | 21.8 | 8.1 | 87.9 | 24.6 | 9.4 |
| Minnesota | 82.4 | 21.8 | 6,3 | 87.9 | 27,4 | 8.3 | 91.5 | 31.5 | 10,3 |
| Mississippi | 64,3 | 14.7 | 5,1 | 72.9 | 16,9 | 5.8 | 80,4 | 19.6 | 7.1 |
| Missouri | 73,9 | 17.8 | 6.1 | 81.3 | 21,6 | 7.6 | 86,8 | 25.2 | 9.5 |
| Montana | 81.0 | 19.8 | 5.7 | 87.2 | 24.4 | 7.2 | 90,8 | 27.4 | 8.3 |
| Nebraska | 81.8 | 18.9 | 5.9 | 86.6 | 23.7 | 7.3 | 89.8 | 27.4 | 8.8 |
| Nevada | 78.8 | 15.3 | 5,2 | 80.7 | 18,2 | 6.1 | 83,9 | 21.8 | 7.6 |
| New Hampshire | 82,2 | 24.4 | 7,9 | 87.4 | 28,7 | 10.0 | 91,3 | 32.0 | 11,2 |
| New Jersey | 76.7 | 24.9 | 8.8 | 82.1 | 29.8 | 11.0 | 87,4 | 34.5 | 12.9 |
| New Mexico | 75,1 | 20.4 | 8.3 | 78.9 | 23,5 | 9.8 | 82,8 | 25.3 | 10.4 |
| New York | 74.8 | 23.1 | 9.9 | 79.1 | 27.4 | 11.8 | 84.7 | 32.4 | 14.0 |
| North Carolina | 70.0 | 17.4 | 5.4 | 78.1 | 22.5 | 7.2 | 84.3 | 26.5 | 8.8 |
| North Dakota | 76,7 | 18.1 | 4.5 | 83.9 | 22.0 | 5.5 | 90,1 | 25.8 | 6,7 |
| Ohio | 75,7 | 17.0 | 5,9 | 83.0 | 21,1 | 7.4 | 87,6 | 24.1 | 8,8 |
| Oklahoma | 74,6 | 17.8 | 6,0 | 80.6 | 20,3 | 6.8 | 85.6 | 22.7 | 7,4 |
| Oregon | 81,5 | 20.6 | 7.0 | 85.1 | 25.1 | 8.7 | 89,1 | 29.2 | 10.4 |
| Pennsylvania | 74.7 | 17.9 | 6.6 | 81.9 | 22.4 | 8.4 | 87.9 | 26.4 | 10.2 |
| Rhode Island | 72.0 | 21.3 | 7.8 | 78.0 | 25.6 | 9.7 | 84.7 | 30.5 | 11.7 |
| South Carolina | 68,3 | 16.6 | 5,4 | 76.3 | 20,4 | 6.9 | 83,6 | 24.3 | 8.4 |
| South Dakota | 77,1 | 17.2 | 4,9 | 84.6 | 21,5 | 6.0 | 89,9 | 25.1 | 7,3 |
| Tennessee | 67,1 | 16.0 | 5,4 | 75.9 | 19,6 | 6.8 | 83,1 | 23.0 | 7,9 |
| Texas | 72.1 | 20.3 | 6.5 | 75.7 | 23.2 | 7.6 | 79.9 | 25.5 | 8.5 |
| Utah | 85.1 | 22.3 | 6.8 | 87.7 | 26.1 | 8.3 | 90.4 | 28.5 | 9.1 |
| Vermont | 80,8 | 24.3 | 8,9 | 86.4 | 29,4 | 11.1 | 91,0 | 33.1 | 13,3 |
| Virginia | 75.2 | 24.5 | 9.1 | 81.5 | 29.5 | 11.6 | 86,6 | 34.0 | 14,1 |
| Washington | 83,8 | 22.9 | 7,0 | 87.1 | 27,7 | 9.3 | 89,7 | 31.0 | 11.1 |
| West Virginia | 66.0 | 12.3 | 4.8 | 75.2 | 14,8 | 5.9 | 82,8 | 17.3 | 6.7 |
| Wisconsin | 78.6 | 17.7 | 5_6 | 85.1 | 22.4 | 7.2 | 89.8 | 25.7 | 8.4 |
| Wyoming | 83.0 | 18.8 | 5_7 | 87.9 | 21.9 | 7.0 | 91.8 | 23.8 | 7.9 |

Source: U.S. Census Bureau, 1990 Census of Population, CPH—L—96; 2000 Census of Population, P37. "Sex by Educational Attainment for the Population 25 Years and Over"; 2009 American Community Survey, R1501, "Percent of Persons 25 Years and Over Who Have Completed High School (Includes Equivalency)," R1502, "Percent of Persons 25 Years and Over Who Have Completed a Bachelor's Degree," and R1503, "Percent of Persons 25 Years and Over Who Have Completed an Advanced Degree," <http://factfinder, census.gov/>, accessed February 2011.

图 3—26　美国人口受教育程度数据表

　　每一列的"以上"意味着不能只是简单地把数字相加，因为它们之前有重叠。如果想用饼图显示这些数据，必须先计算一下。例如，美国大约有 75.2% 的人拥有高中以上学历（或同等学历），减去那个"以上"，也就是其中拥有学士以上学位的 20.3%，得到的 54.9% 才是只拥有高中学历人口所占的百分比。

　　了解样本人群同样重要，如果基数是美国总人口，百分比就会降低。如果样本人群为小于 18 岁的人，那么硕士、博士及以上学位的人数百分比就会非常小，只有那些在小学和中学里跳级的极少数天才才会获得这些学位。

　　现在你有了可视化最重要的东西——数据，共有 9 列，分别是 3 年、每年 3 个子类，再加一列州的名字。你可以从多个不同的维度可视化这些数据。比如，你可能想研究 2009 年的人口受教育程度，这时，图 3—27 所示的一些条形图就很好用了。

　　这实际上是把表格中的最后 3 列数据直接转化了一下。每一行代表一个州的数据，每一列则代表一个受教育程度等级。每一个条形图都有自己的线性标尺，都从 0 开始，增幅相等。表中州的顺序是按照高中文凭或同等学历人数的百分比降序排列，而不是按字母表顺序。这里没有用单独一行来表示全国平均值，而是用垂直的虚线来表示多和少。灰色、浅蓝和蓝色分别用来表示 3 个不同分类。

　　分开来看，它们就是长度（条形）、颜色（每一个条形图）和位置（全国平均值虚线）这些视觉暗示，以及条形图里的直角坐标系和线性标尺。分类标尺构成了州的排序。标题和副标题则告诉读者这些数据是什么。

　　如果你对 2000 年和 2009 年间的变化更感兴趣，而不只是关心 2009 年的百分比的话，那么图 3—28 展示了几个不同的视角。它同样使用了长度和位置，以及水平轴上的线性标尺和垂直轴上的分类标尺。然而，它的背景信息和布局与条形图的完全不同，同时它还用了一些其他的视觉暗示。

　　空心圆点表示 2000 年各州高中学历人口的情况，实心圆点则表示 2009 年的情况。两个点在同一个水平线上，用一条直线连接。直线越长，表示从 2000 年到 2009 年的百分比变化越大。

　　从空心圆点到实心圆点的移动给出了一种方向感。在这个例子中，每一个州的高中学历人口都呈增长趋势，因此你的视线总是从左到右移动。如果某个州是下降的，你也可以使用

## 2009年受教育水平

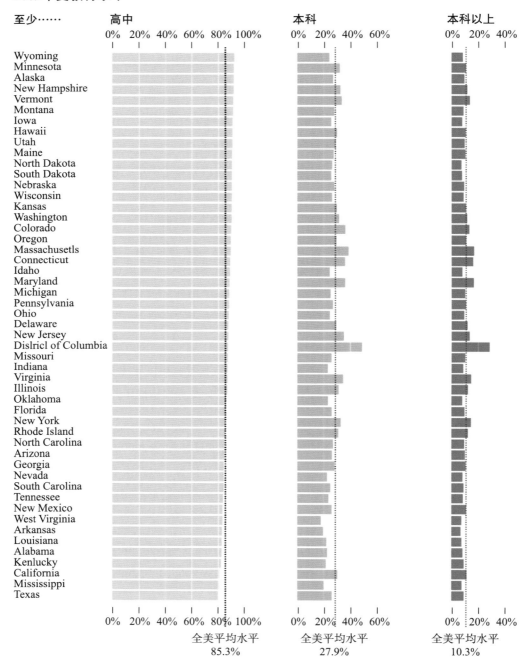

图 3—27　全美受教育程度条形图

同样的视觉暗示。例如，如果某个州是从 80% 变为 70%，实心圆点将会在空心圆点的左侧。当然，你可以用箭头表明方向。这里所有的州都是增长的，因此关注变化量和端点的值更合适。

你可以看到排序的变化是怎样改变关注焦点的。第一张图里各个州按字母顺序排列，缺少视觉次序，很难比较。你能看到增长，也能很容易找到想查看的州，但整体来看，得不到更多的信息了。

相反，第二张图显示了同样的数据，只是改变了顺序，按 2009 年的百分比数据从高到低排列。从最高的怀俄明州开始，直到得克萨斯州。它的关注焦点在近期的统计数据上，但读者还是很容易观察到 2000 年的数据。因为一般而言，2009 年百分比更高的州在 2000 年时也会更高的。这就是说，也可以按 2000 年的数据排序，把州名移到左边，把关注的焦点换个方向。

最后，最右边那张图用了颜色视觉暗示。它和第二张图一样按 2009 年的数据排序，但是用颜色标示出了百分比增长最多的州。哥伦比亚特区增长最多，用黑色显示，虽然它不是一个州。增长越少的州，颜色越浅。深浅不一的绿色表示处于中间的州。因此，独立地看这张图的组成部分，有长度、位置、方向和颜色这些视觉暗示，在一个直角坐标系中，水平轴用线性数字标尺，垂直轴则用分类标尺。

这还没有结束，请看图 3—29，可以把位置和方向变换不同的方式，来呈现从 2000 年到 2009 年的增长。和之前的图不同的是，各个州画在表示高中学历人口百分比的线性标尺上，而不是分类标尺。水平轴上的数值按年份分类。这实际上是时序图上的一对小圆点。如果想要显示中间的年份，就在水平轴上增加分类。无论如何，就像在时序图中一样，斜率越大意味着变化的幅度越大。

右图的形状和左图一样，只是用颜色表示美国的不同地区。因此虽然所有的州都是增长的，还是可以看出很多南部的州处于标尺的底部，而中西部和西部的州则位于顶部。但是，真实的数据往往存在例外情况。例如，美国西部的加利福尼亚州处于标尺的底部，而美国南部的马里兰州位置则很靠上。

一般来说，2000 年受教育程度高的地区，2009 年受教育程度也会高。图 3—30 明显显示了这一点，图中的水平轴和垂直轴都是线性标尺，用位置作视觉暗示。

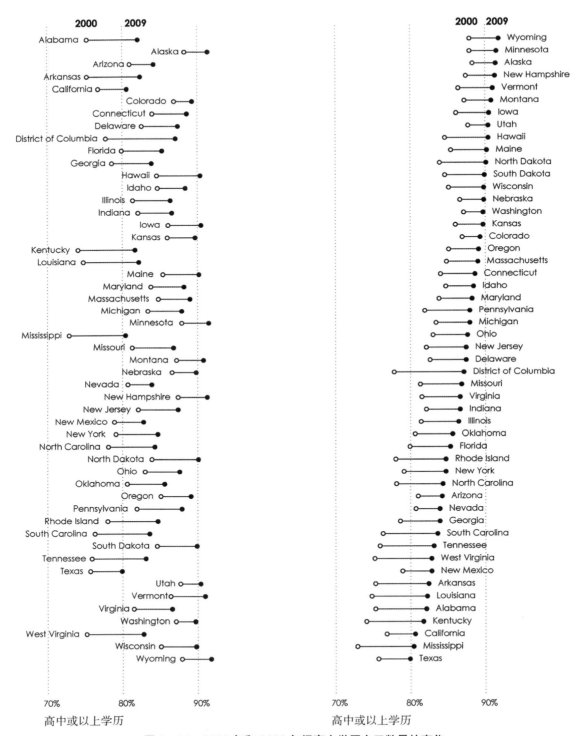

图 3—28　2000 年和 2009 年间高中学历人口数量的变化

## 按起点数据从高到低排序
关注过去的数据

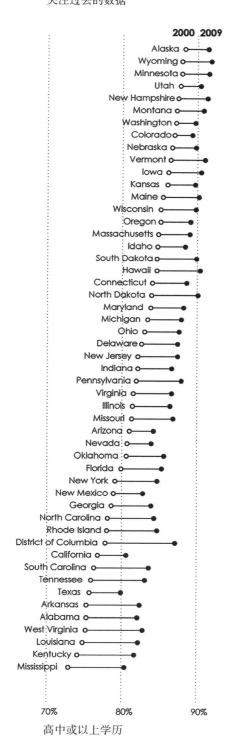

## 按终点数据从高到低排序，标注颜色
关注百分比增长

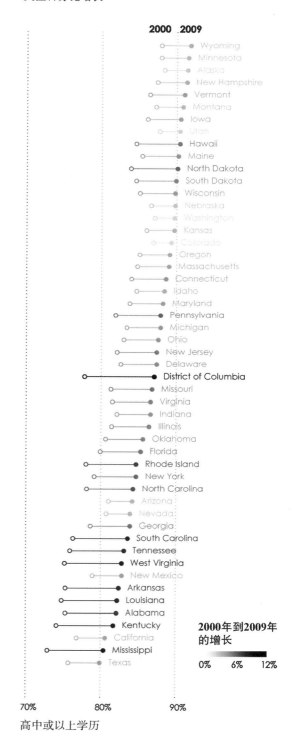

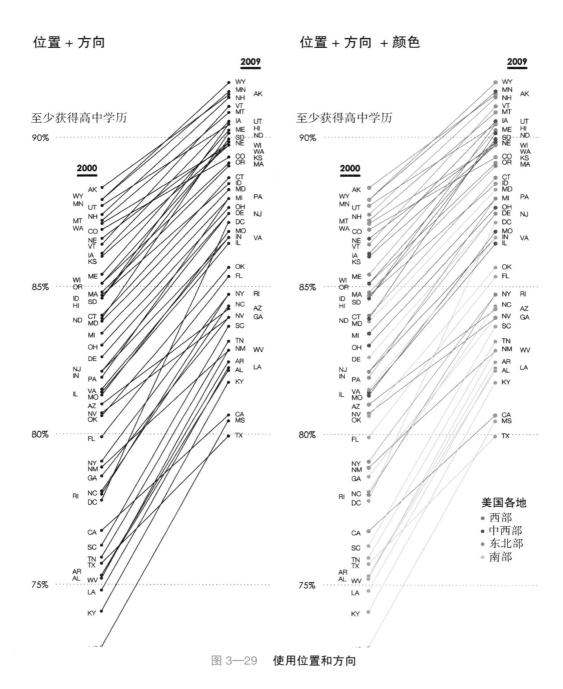

图 3—29　使用位置和方向

## 位置

2009年，高中或以上学历

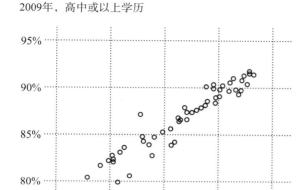

## 位置 + 符号

2009年，高中或以上学历

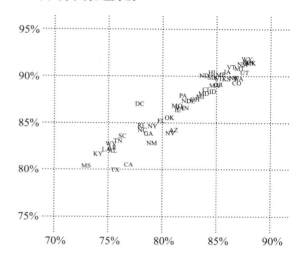

## 位置 + 颜色

2009年，高中或以上学历

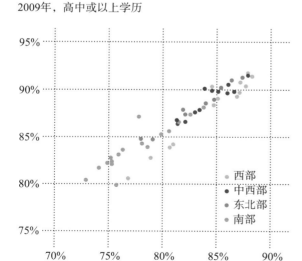

## 位置 + 符号 + 颜色

2009年，高中或以上学历

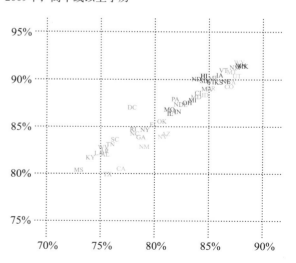

图 3—30　**散点图中的位置、形状和颜色**

图 3—30 的水平轴表示 2000 年的高中学历人口数据，垂直轴则表示 2009 年的数据。2000 年到 2009 年，上升趋势很明显，你可以看到华盛顿特区有些脱离在外，显示出了更高的增长率（可能在人口统计资料上有差异）。你也能看到左下角落后的得克萨斯州和加利福尼亚州。和前面的图一样（相信你现在已经掌握了窍门），你可以借用其他视觉暗示，如颜色、形状，或两者一起用，以提供更多维度的信息。

**小贴士：** 如果你想激怒绘图师，就把等值域图叫做热区图，因为它们经常被联系在一起。热区图用来表现二维数据，而等值域图基本上就是地理图。

别忘了这是地理数据，所以你应该把它画成地图，对不对？（实际上，这只是因为数据里包含了位置信息，现在的数据都是这样的，但地图并不总是最有用的视图，我们将在下一章讨论这个。）图 3—31 显示的地图，用不同的标尺和度量把各个州绘成了不同的颜色，这就是等值域图。

请注意，虽然绘图的方法一样，但标尺选择的不同会改变地图的焦点和内容。举例来说，左上角的图使用了四分标尺（quartile scale），把全美各个州基于某种度量均分为 4 个组。在这里，这个度量是 2009 年拥有学士学位的人口百分比。这样画出的地图带有平均分布的颜色。

然而，同样的数据，在只用线性标尺上三种绿色的地图中，可以看到中西部地区和东北部地区颜色更深。和四分地图相比，相同的地方是南方地区颜色较浅，但是地图的其他地区显示情况则完全不一样。你也可以进一步将数据抽象化，用颜色区分高于平均值和低于平均值的州（右上角图），或者百分比增长和降低的州（右下角图）。

如图 3—32 所示，你可以一次展示多幅地图，来看随着时间的推移事情会发生怎样的变化。因为你已经从不同的视角研究过这些数据，知道 2000 年的数值高往往也意味着 2009 年的数值更高，因为各个州的增长率差不多。

比较 1990 年和 2000 年的地图，看到的信息差不多。1990 年的地图颜色更浅，有几个州显示在 25 岁以上人口中只有 15% 或更少的人拥有学士学位，只有怀俄明州高于 25%。同样，在 2009 年，该州也拥有最高的百分比。从左往右看，地图的颜色逐渐变深，和你预期的一样。

## 不同的标尺

标尺的选择不同，地图的焦点和传达的信息就不同。下列地图展示了同一个数据怎样基于不同标尺的选择而变化。

**四分标尺**

划分成4个大小相同的分组

2009年至少拥有百科学历的
人数百分比

■ 大于 30.6%
■ 26.6%～30.6%
■ 24.2%～26.5%
□ 小于 24.2%

**线性标尺**

标尺随范围扩大而均匀增长

2009年至少拥有百科学历的
人数百分比

20%　　>25%
15%　　25%

**数值分类**

基于数据的度量创建分组

········· 2009年美国平均值27.9

低于平均值　　高于平均值

**分类**

基于原数据分组

西部　　中西部　　东北部

南部

**差异**

线性标尺，基于年份之间的
百分比变化进行分类

从1990年到2009年的百分比变化

30%　　50%
<30%　40%　>50%

**范畴差异**

基于增长和下降简单分组（好消息
是，在这个例子中全部是增长）

从1990年到2009年的变化

■ 下降　　■ 增长

图 3—31　等值域图

## 地理坐标系 + 时间标尺 + 颜色

1990年，25岁以上人口中 20%至少拥有学士学位。

2000年，这一比例上升 到24%。

2009年，美国的平均水平 达到了29%。

学士及以上学位

15%以下　　20%　　25%以上

图 3—32　随时间推移变化的地图

## 小结

　　本质上，可视化是一个抽象的过程，是把数据映射到了几何图形和颜色上。从技术角度看，这很容易做到。你可以很轻松地用纸笔画出各种形状并涂上颜色。难点在于，你要知道什么形状和颜色是最合适的、画在哪里以及画多大。

　　要完成从数据到可视化的飞跃，你必须知道自己拥有哪些原材料。经验丰富的大厨不只是盲目地把食材都放到碗里，把炉火加旺，然后就等着美味可口的大餐。相反，他们知道应该怎样搭配这些食材，哪些东西不能一起烹调，以及最恰当的烹饪温度和时长。

　　对于可视化来说，视觉暗示、坐标系、标尺和背景信息都是你拥有的原材料。视觉暗示是人们看到的主要部分，坐标系和标尺可使其结构化，创造出空间感，背景信息则赋予了数据以生命，使其更贴切，更容易被理解，从而更有价值。

　　知道每一部分是如何发挥作用的，尽情发挥，并观察别人看图的时候得到了什么信息。不要忘了最重要的东西，没有数据，一切都是空谈。同样，如果数据很空洞，得到的可视化图表也会是空洞的。即使数据提供了多维度的信息，而且粒度足够小，使你能观察到细节，那你也必须知道应该观察些什么。

　　数据量越大，可视化的选择就越多，然而很多选择可能是不合适的。为了过滤掉那些不好的选择，找到最合适的方法，得到有价值的可视化图表，你必须了解自己的数据。现在，让我们开始研究数据吧。

# 第4章

**不了解数据，一切皆是空谈**

1977 年，统计学家约翰·图基出版了《探索性数据分析》一书，详解了什么是可视化，并鼓励数据研究人员用可视化来分析数据。当时大多数分析人员使用假设检验和统计模型，一台计算机就占满了整个房间，而图通常是用手绘的。例如，在图基的书中，他介绍了如何让钢笔绘制的符号比铅笔绘制的符号颜色更深的技巧。

然而，尽管那时的技术笨重而缓慢，但推动原则还是一样的。你可以在一张图中看到许多内容，而看到的内容会衍生出答案和更多不看图就想不到的疑问。"图片最伟大的价值在于它迫使我们注意到从未预见到的事物。"（约翰·图基）

**小贴士：**《纽约时报》和《华盛顿邮报》分别在 http://chartsnthings.tumblr.com/ 和 http://postgraphics.tumblr.com/ 上讨论图表制作过程。他们通常从白纸或白板上的草图开始，然后进行探索和制作。

可视化面向公众的那一面——新闻里、网站上和图书中的漂亮图表，是数据图形最好的典范。这些图表是怎样做出来的呢？大多数人从没见过探索研究的过程，而这一过程能使可视化的效果远远超过那些没有认真观察数据的人制作的图。越理解数据，越能更好地传达你的研究成果。

即使你没有向广大观众展示成果的计划，可视化仍是一个分析工具，可帮助你探索数据，发现正式统计检验中可能发现不了的东西。你只需要知道目标是什么，以及就已有的数据要提出什么问题。

好在与图基时期相比，现在获取数据的方式和研究工具少了很多限制，你不用只靠铅笔、尺子和纸来画出成千上万的点和线。

## 数据可视化的过程

你在分析中所采取的具体步骤会随着数据集和项目的不同而不同，但在探索数据可视化时，总体而言应考虑以下四点。

- 拥有什么数据？
- 关于数据你想了解什么？
- 应该使用哪种可视化方式？
- 你看见了什么，有意义吗？

每个问题的答案都取决于前一个问题的答案，在问题间徘徊犹豫也是常有的事。图 4—1 显示了一个迭代过程。例如，如果数据集只是少量的观察报告，就会限制从中能得到的东西以及有用的可视化方法，最终你也看不到太多内容。

另一方面，如果你有很多数据，可视化这些数据的某一个方面时看见的东西可能让你对其他方面产生好奇，而这种好奇心反过来会导致产生不同的图表。这十分有趣。

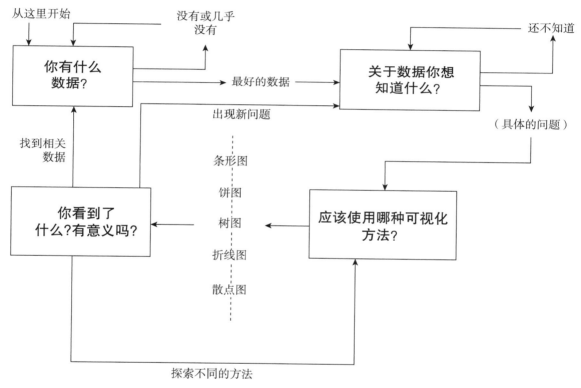

图 4—1　迭代的数据探索过程

## 你拥有什么数据

人们通常会想象可视化应该是什么样子，或者去找出一个想要模仿的例子。这很令人兴奋，但到了要实践的时候，他们才会意识到要么需要更多的数据，要么就是想要制作的图表不适合那些数据。

常见的错误是先形成视觉形式，然后再找数据。其实应该反过来，先有数据，再进行可视化。通常，获取需要的数据是最困难、耗时最多的一步。在学校里，数据以你需要的格式提供给你，你可以轻松将其导入选用的软件，但这在实际情况中很少见。你可能得通过访问API接口从网站中费力地获取数据，或从已有的数据中挖掘需要的数据。

**小贴士：** 通常我花费大部分时间搜集数据，而只用很少的时间将其可视化。如果你也是这样，不必感到惊讶，这完全正常。

**小贴士：** 第7章中介绍了一些可视化数据适用的工具。

例如，你可能有一份地址清单，要在地图上标注出来，这就需要经纬度坐标。或者你观察了种群中的个体，但可能对亚种群更感兴趣。

这时编程有助于部分步骤的自动化，也有越来越多简单易用的应用程序可以帮你管理数据。

研究数据的时候，停下来想一想它们代表着什么，来自哪里以及如何衡量其变化。基本上，第1章中学到的都要用上。

## 关于数据，你想了解什么

假设你有一些数据要研究。从哪儿开始着手呢？如果只有一个数据点就简单了，你可以读取它的值，你的大多数发现都将来自外部信息和其他数据。另一方面，当你有一个包含数以千计甚至数个百万观察结果的数据集时——想象一下有那么多行的电子表格，这将非常具有挑战性，你不知从哪儿开始才好。

这就是所谓的"淹没在信息海洋中"。你盯着电脑屏幕上的一大堆数据，看得越久，数值越模糊。很快你就只能看见一团数据，让你感到窒息。但等等，还有希望，退后一步，深呼吸。

为了避免淹没在数据的海洋中，你得学会游泳。学会之后，你就可以从浅水区一直游到深水区。如果你喜欢冒险，还可以用呼吸管潜水或者去深海潜水。即便没有游遍整个海洋，你也可以每次探索一点儿，每次探索所获得的经验可以用于下一次潜水。人一旦沉入大海就没救了，但淹没在数据的海洋中，还有机会学习并再次进行尝试。

开始的时候，先问问自己想从数据中了解什么。答案无需复杂深刻，只是不要太模糊，不要说"我想知道数据是什么样子的。"回答得越具体，方向就越明确。你可能想知道数据中最好的和最差的各是什么（比如国家、运动队或学校），这样

你就会研究排名；如果有多个变量，就要决定什么是有好处的，什么是不好的。如果有时序数据，你可能还想知道十几年来什么改善了，什么更糟了。

例如，记者蒂姆·德·钱特（Tim De Chant）研究了世界人口密度，如图4—2所示，他很好奇如果全世界每个人都拥有相同的居住空间，城市会有多大。直接画出全球人口密度是一个简单的方法，钱特却用了一个更友好的视角。

你针对数据提问时，也给了自己一个出发点，幸运的话，随着研究的深入，会出现更多需要研究的问题。为更广泛的读者设计可视化图表时，要在研究过程中提出并回答读者可能会问的问题，这提供了研究的重点和目标，对设计过程也很有帮助。

## 应该使用哪种可视化方式

有很多图表和视觉暗示的组合可以选择。为数据选择正确的表格时，你可能会感到茫然。在研究的初期阶段，更重要的是要从不同的角度观察数据，并深入到对项目更重要的事情上。

制作多个图表时，要比较所有的变量，看看有没有值得进一步研究的东西。先从整体上观察数据，然后放大到具体的分类和独立的数据点。

这也是实验视觉形式的好时机。如果你尝试用不同的标尺、颜色、形状、大小和几何图形，可能会看到值得进一步探索的图形。不必死抱着最精确和最容易阅读的视觉暗示不放，如果你的目标是探索研究，那就不要让最佳实践清单阻止你尝试一些不同的东西，因为复杂的数据通常需要复杂的可视化。

## 浓缩的世界人口地图

如果全球 69 亿人居住在一个城市里，密度和下列城市一样，那么这个城市会有多大呢？

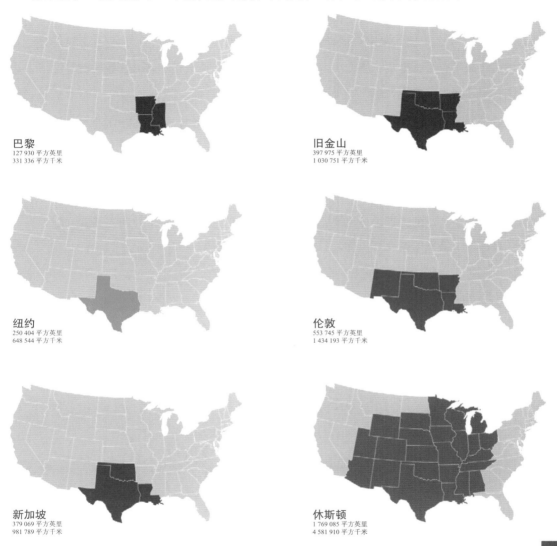

巴黎
127 930 平方英里
331 336 平方千米

旧金山
397 975 平方英里
1 030 751 平方千米

纽约
250 404 平方英里
648 544 平方千米

伦敦
553 745 平方英里
1 434 193 平方千米

新加坡
379 069 平方英里
981 789 平方千米

休斯顿
1 769 085 平方英里
4 581 910 平方千米

每平方
英里

图 4—2　蒂姆·德·钱特的"世界人口地图"（2011）

资料来源：http://persquaremile.com/

例如，图 4—3 显示了维基百科上文章删除的交互研究，作者是莫里茨·斯特凡（Mortiz Stefaner）、达里奥·塔拉博雷利（Oario Taraborelli）和乔瓦尼·卢卡·钱帕利亚（Giovanni Luca Ciampaglia）。维基百科是个非常庞大的数据资源，各种文章中含有大小不一的数据表。上面的文章随时有可能被编辑，用户与文章、用户与用户之间的互动很频繁。可以从许多方面探索维基百科的数据，但名为"值得注意的事物"（Notabilia）的主题向我们展示了一个更为清晰的图像。

**小贴士：** 一个常见的误解是必须在 10 秒钟内理解一幅图表。因为关系和模式并不总是非常直观的，所以不能仅仅因为需要多花几分钟才能看懂图表，就认为尝试是失败的。

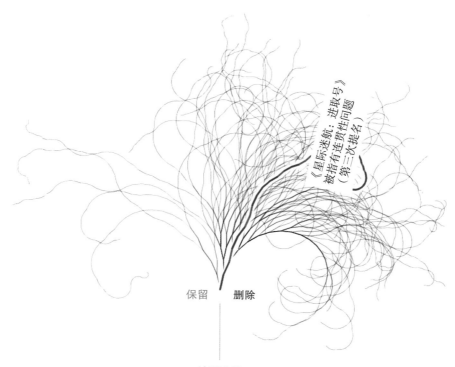

**被删除的**
维基百科上100篇最长的关于待删除文章的讨论，最终文章被删除。

图 4—3　莫里茨·斯特凡、达里奥·塔拉博雷利和乔瓦尼·卢卡·钱帕利亚制作的"值得注意的事物"（2011）

资料来源：http://notabilia.net/

每条分支都代表关于一篇文章是否应该被删除的用户讨论，向右弯曲的线代表倾向于删除的讨论，向左弯曲的线代表倾向于保留文章的讨论。线段弯曲得越厉害，表示用户间的意见越统一。虽然这不是一种传统的可视化，但你仍能从中看出些什么。这就是说，传统的可视化图，如条形图和折线图很容易画，也很容易看明白，这使它们成了探索数据的出色工具。

目标改变，选择也会改变。如果是设计仪表板，就要使系统状态显示一目了然，所以必须用直观的方式可视化数据以便于理解。如果目标是鼓励反思或激发情感，效率可能就不是主要的考量要素了。

### 你看到了什么，有意义吗

可视化数据后，你需要寻找一些东西。如图 4—4 所示，包括增加、减少、离群值，或者一些组合，当然，确保不要在模式中混入干扰信息。同时也要注意有多少变化，以及模式有多明显。数据中的差异与随机性相比是怎样的？因为估值的不确定性、人为的或技术的错误或者是因为人或事物与众不同，从而使你的观察结果与众不同。你应当知道这些。

找到有趣的东西时，问问自己："它有意义吗？为什么有意义？"这非常重要。人们常常自动认为数据就是事实，因为数字是不可能变动的。但数据具有不确定性，因为每个数据点都是对某一瞬间所发生事情的快速捕捉，其他内容都是你推断的。

**小贴士：** 推断和不确定性就是统计学的全部。如果有机会，选修一门统计学课程。虽然你可以从视觉探索中学到很多，但传统的统计学可以帮助你更细致地审视数据。

在本章剩余的部分，你可以更近距离地观察特定的数据类型。请谨记以上介绍的过程。

## 分类数据的可视化

你可能喜欢把人群、地点和其他事物进行分类。分类可以带来结构化，否则就只是乱糟糟的一团东西。图 4—5 显示了一些可视化分类数据的选择。

条形图当然是显示分类数据最常用的方法。每个矩形代表一个分类，矩形越长，数值越大。当然，数值大可能表示更好，也可能表示更差，这取决于数据集以及制作者视角。

例如，2012 年 2 月，针对互联网以及 Facebook 和 Twitter 这类社交网站的使用情况，皮尤网络与美国生活项目（Pew Internet and American Life Project）调查了约 2 200 个人，同时还调查了政治内容是否经常出现在这些网站上。图 4—6 显示了 50 个调查问题中的 4 个问题。

不出所料，谷歌是最常用的搜索引擎，Facebook 的使用率远远超过 Twitter 和职业社交网站 LinkedIn。对其他问题的反馈可能也在你的预料之中。

**小贴士：** 皮尤网络与美国生活项目的调查数据可在 http://www.pewinternet.org/ 免费查阅。

图 4—6 中，条形图在视觉上等同于一个列表。每一条都代表一个值，你可以用不同的矩形和图表来区分。你可以用长度作为视觉暗示，把矩形画在线性标尺上。然而，你也可以使用不同的标尺和图形表示同样的数据。图 4—7 用正方形的面积表示同样的调查结果。

请注意，分类间的差异在符号图中看起来没有在条形图中那么大。例如，代表谷歌的矩形就比代表其他搜索引擎的矩形长得多。但比较正方形时，代表谷歌的正方形只是看起来大一些，并没有比其他正方形大很多。

这看起来是个缺点，但在有成百上千个不同数量级的数据时，这可能就是个优点了。有了符号图，你就可以在二维空间中以任何方式组织方块和圆圈，如图 4—8 所示。另一方面，条形图的局限性在于每个矩形都要从零坐标开始，而且只能横向或向上径直延伸。

**小贴士：** 因为在这个例子中没有对每个问题的回答做很多分类，所以条形图看起来是更好的选择，但你不需要把面积这一视觉暗示自动排除。

## 整体中的部分

把分类放在一起时，各部分的总和等于整体。统计每个州的人数就得到了全国总人数；各运动队联合起来就有了联盟。把分类看成独立的单元是有好处的，这能使你看到整体分布情况或单一种群的蔓延情况。

在饼图中，完整的圆表示整体，每个楔形都是其中的一部分。所有楔形的总和等于 100%。在这里，角度是视觉暗示。

**小贴士：** 从饼图中可能得不到精确的数值，但分类不多时还是可以做比较的。

关于饼图是否有用的讨论最终只是在绕圈子，你可以自己决定是否使用饼图。分类很多时，饼图很快就会乱成一团，因为一个圆里只有这么点空间，所以小数值往往就成了细细的一条线。

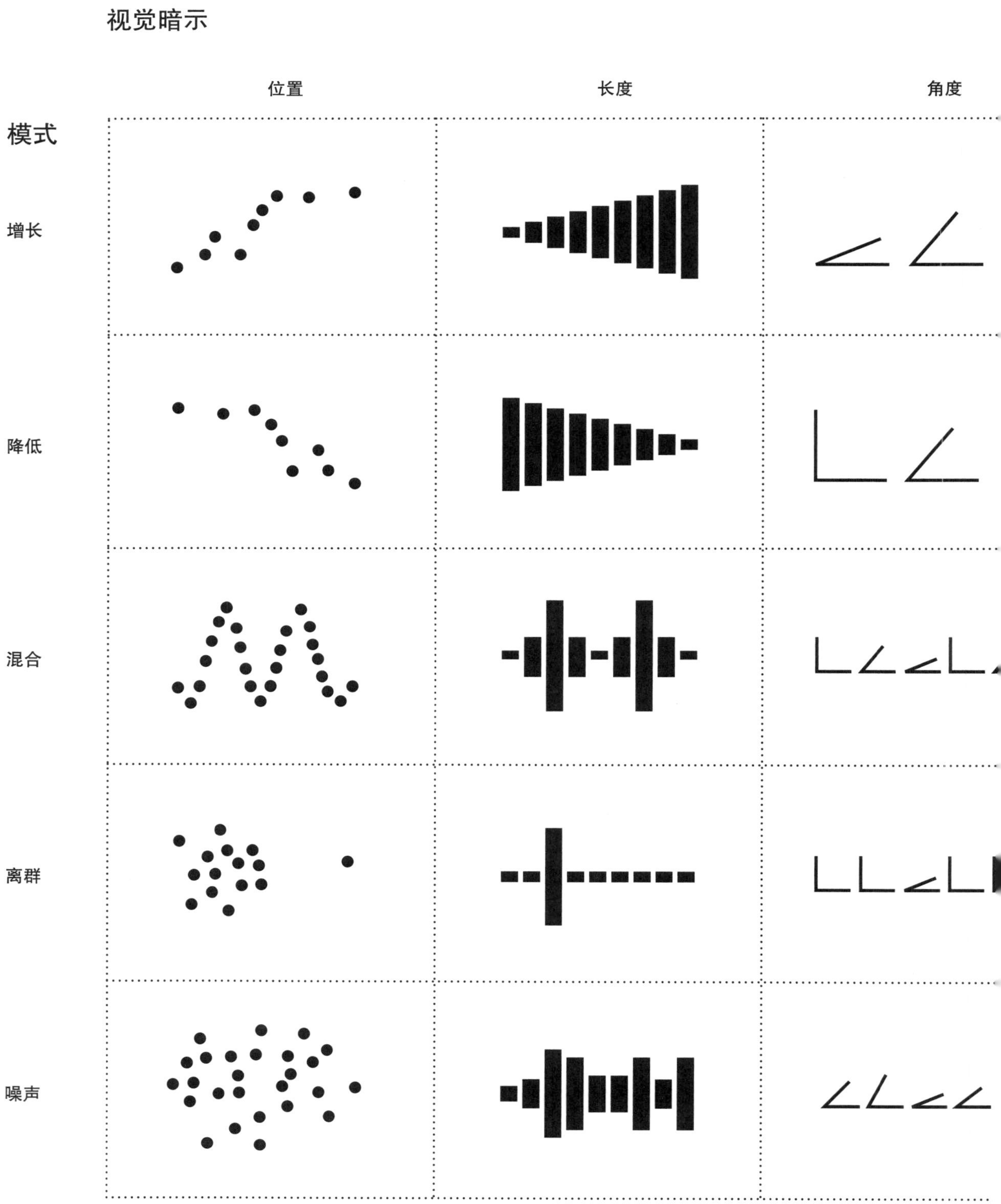

视觉暗示

图 4—4　模式和视觉暗示

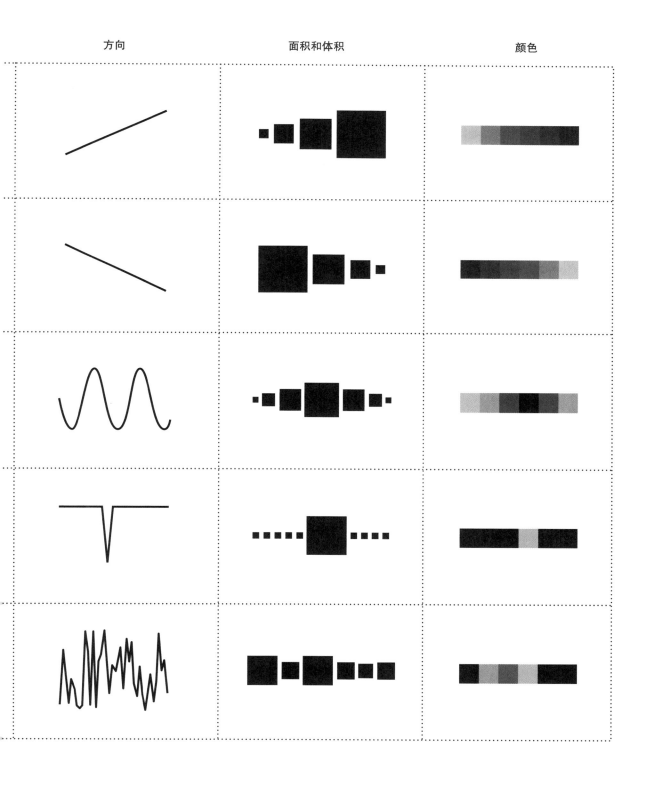

## 分类

如果你的数据是直接的，每个分类都有一个值，图表就会容易画，也容易读。

**条形图**

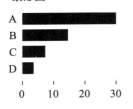

用长度作视觉暗示，
利于直接比较

**符号图**

可代替代条形图，但
难以区分细微差别

## 整体中的部分

人群分类细目可能很有趣，你也许想保持所有分组在一起，虽然通常不是必须的。

**饼图**

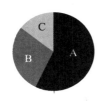

各部分之和是100%，
通常按顺时针排序，
便于阅读

**堆叠横条图**

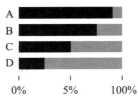

通常用于显示投票结
果，也可用于原始计
数

## 子类

数据可以有层次结构，解释数据时这可能很重要，而且经常会出现不同的观点。

**树图**

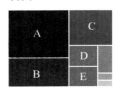

在紧凑的空间里显示
层次结构，通常面积
和颜色结合使用

**马赛克图**

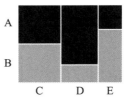

允许在一个视图中进
行跨分类比较

图 4—5　**分类数据的可视化**

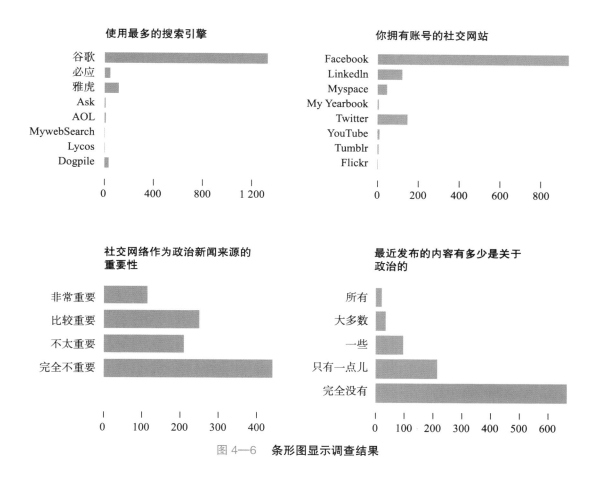

图 4—6　条形图显示调查结果

回到皮尤研究中心关于互联网使用情况的调查。图 4—9 显示了关于在线定向广告感知度的统计分类。前三幅饼图显示了被调查者中注意到定向广告、可以接受定向广告以及知道如何限制定向广告的人数所占百分比。后三幅饼图显示了人们在知道被在线追踪后所采取的行动。如果你不喜欢饼图，也可以使用堆叠横条图，如图 4—10 所示。横条总长 100%，每一小段相当于饼图中的一个楔形。

## 子分类

子分类也就是分类中的分类，通常比主分类更有启示性。随着研究的深入，你可以看到更多变化和更有趣的内容。

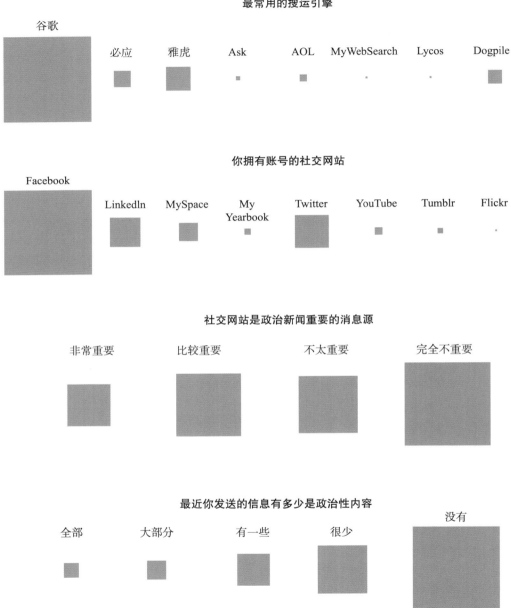

图 4—7　符号图显示调查结果

至少，显示子分类使你的数据浏览起来更容易，因为观看者可以将视线直接跳到他最关注的地方。例如，从第 2 章中马科斯·魏斯坎的"新闻地图"中，你可以看到新闻的分类层次。

如图 4—11 所示，你可以用树图显示皮尤研究中心的调查数据。图中展示了经常使用互联网和不常使用互联网的人群。经常使用互联网的人群中有一些人在调查前一天使用了互联网，不常用互联网的人则没有用。然而，这个调查数据并不适合用树

图 4—8　编排不同的气泡图

**知道广告与最近访问的网站和搜索内容有关**

未回答

否
40%

是
58%

**知道有定向广告**

未回答

是
26%

否
70%

**知道如何限制广告商收集个人数据**

未回答

是
37%

否
62%

如果知道，还曾做过以下……

**修改浏览器设置**

未回答

否
35%

是
63%

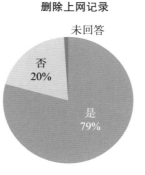

**删除上网记录**

未回答

否
20%

是
79%

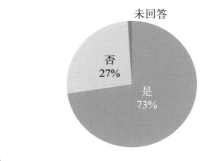

**使用网站的隐私设置**

未回答

否
27%

是
73%

图 4—9　**显示分类的饼图**

知道广告与最近访问的网站和搜索内容有关

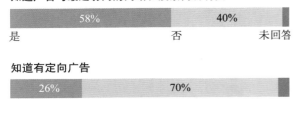

知道有定向广告

知道如何限制广告商收集个人数据

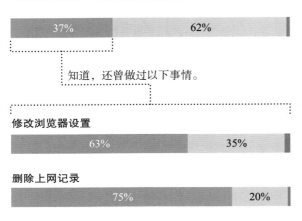

知道，还曾做过以下事情。

修改浏览器设置

删除上网记录

使用网站的隐私设置

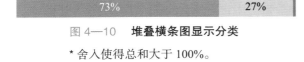

图 4—10　**堆叠横条图显示分类**

* 舍入使得总和大于 100%。

---

**小贴士：**《美国财经杂志》的 "股市地图" 是另一种流行的树图。该树图实时显示美国股票市场的状况。详情请见：http://www.smartmoney.com/map—of—the—market/

---

图。"新闻地图" 用矩形显示了每条新闻，新闻的人气决定了矩形大小，而调查结果中每个个体的权重一样。然而，马赛克图可以显示各个分类内部的组成以及分类的组合，这里用更合适。和树图一样，可以用马赛克图展示多层数据，但很快就会变得难以理解。所以，要从少量数据开始，再慢慢变成复杂的数据。

图 4—12 显示了在调查中自称未成年人的父母或监护人的人所占比例。

这张图看起来像是堆叠横条图中的横条。段越大表示给出这个答案的人越多，可以看到大多数人都给出了否定的回答，一些人给出了肯定的回答，还有一些人则拒绝回答。

如果你想知道回答是与否的人受教育程度的对比情况呢？你可以引入另一个维度。它的几何结构是一样的，即面积越大，百分比越高。比如，你可以看到那些身为父母的人大学本科毕业率略低于未当父母的人（见图 4—13）。

你还可以继续引入第三个变量。学历和教育的定位是一样的，但可以看看他们

使用电子邮件的情况。请注意图 4—14 中每一个子分类的垂直分割。你可以继续增加变量，但正如所看到的，图表越来越难以读懂，所以需谨慎一些。

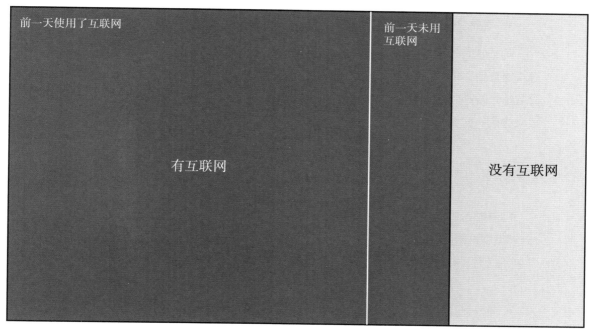

图 4—11    树图显示调查数据

儿童监护人

是                                                              否

图 4—12    只有一个变量的马赛克图

### 看清数据的结构和模式

对于分类数据，你通常能立刻看到最小值和最大值，这能让你了解到数据集的范围。通过快速排序，你也可以很方便地查找到数据集的范围。之后，看看各部分的分布情况，大部分数值是很高？很低？还是居中？最后，再看看结构和模式，如果一些分类有着同样或差异很大的值，就要问问为什么，以及是什么让这些分类相似或不同的。

## 时序数据的可视化

随着时间的流逝，人事变迁，沧海桑田。日出日落、钟声滴答以及醒来后喝的一杯咖啡，这些都让你感觉到了时间的存在。可视化时序数据时，目标是看到什么已经成为过去，什么发生了变化，以及什么保持不变，相差程度又是多少（见图4—15）。与去年相比，增加了

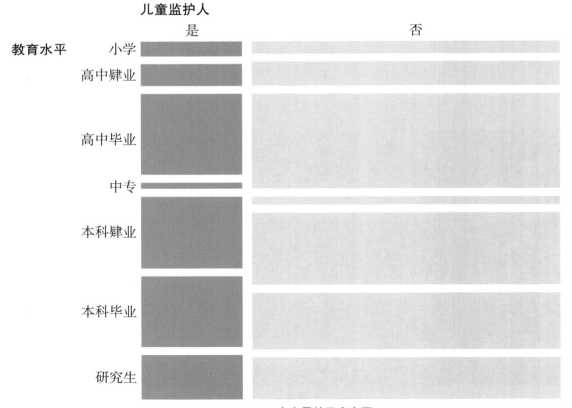

图 4—13　两个变量的马赛克图

还是减少了？造成这些增加、减少或不变的原因可能是什么？有没有重复出现的模式，是好还是坏？预期内的还是出乎意料的？

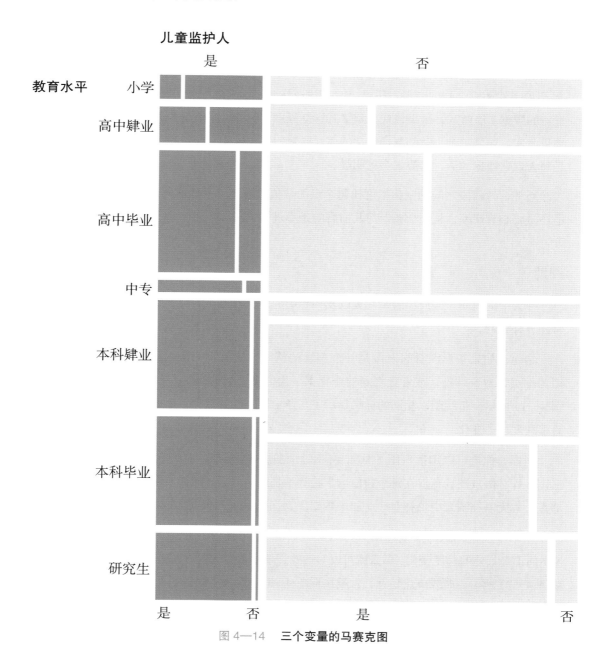

图 4—14　**三个变量的马赛克图**

和分类数据一样，条形图一直以来都是观察数据最直观的方式，只是坐标轴上不再用分类，而是用时间。图4—16显示了1948年到2012年美国的失业率，数据来自美国劳工统计局。上图是月环比数据，因为数据点密集，看起来像是连续的数据。而下图显示的是每年1月份的失业率，条形之间有空隙，更容易区分每个数据点。

在第1章里，我们可以看到随着时间的推移车祸数量的变化，并知道了如何以不同的粒度研究时序数据。这里也同样适用。你可以查看到每个小时、每天、每年、每十年以及每个世纪的数据。有时候，数据格式决定了其详细程度，因为度量值是要测量的，例如，五年才测量一次。如果每个小时都测量一次的话，频繁的变化可能会掩盖趋势。如果退一步，你只是每天观察数据的话，趋势就会更明显。

通常，时间段之间的变化幅度比每个点的数值更有趣。虽然你可以解释条形图的趋势，但还是要心算比率，将一个条形与其前后的条形进行比较。

## 周期

一天中的时间，一周中的每一天以及一年中的每个月都在周而复始，对齐这些时间段通常是有好处的。

然而，如果条形图看起来像是一个连续的整体（如图4—16），就会更容易区分变化，因为你可以看到坡度，或者点之间的变化率。当你用连续的线时，会更容易看到坡度，如图4—17所示。折线图以相同的标尺显示了与条形图一样的数据，但通过方向这一视觉暗示直接展现出了变化。

同样，你也可以用散点图（见图4—18）。数据和坐标轴一样，但视觉暗示不同。和条形图一样，散点图的重点在每个数值上，趋势不是那么明显。然而在这个例子中，数据点足够多，你无需在脑海中填补空缺。如果数据稀少，如图4—19，那趋势就不明显了。

如果用线把稀疏的点连起来，如图4—20，图的焦点就又变了。如果你更关心整体趋势，而不是具体的月度变化，那么就可以对这些点使用LOESS曲线法①，而不是连接每个点，如图4—21所示。曲线离点越近，就越接近图4—17。

---

① 这种统计方法用来绘制平滑曲线，结合了线性回归的简单性和非线性模型的灵活性。——译者注

## 时序图

有很多方法可以观察到随着时间推移生成的模式，你可以用长度、方向和位置等这些视觉暗示。

**条形图**

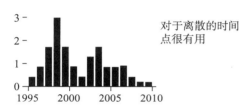

对于离散的时间点很有用

**折线图**

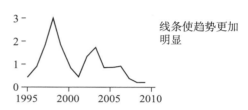

线条使趋势更加明显

**散点图**

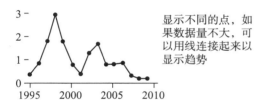

显示不同的点，如果数据量不大，可以用线连接起来以显示趋势

**点线图**

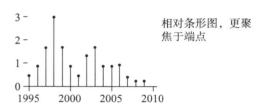

相对条形图，更聚焦于端点

**径向分布图**

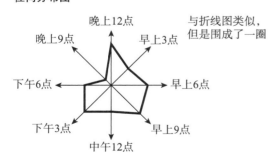

与折线图类似，但是围成了一圈

**日历**

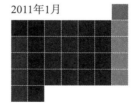

星期的模式比上的图看起来更方

图 4—15  时序数据的可视化

**月环比失业率数据**

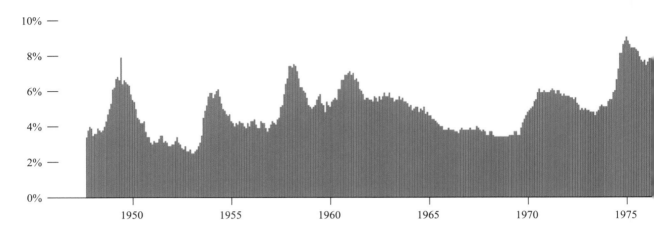

**每年1月份的失业率数据**

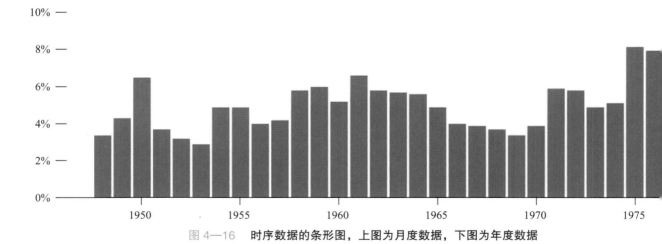

图 4—16　时序数据的条形图，上图为月度数据，下图为年度数据

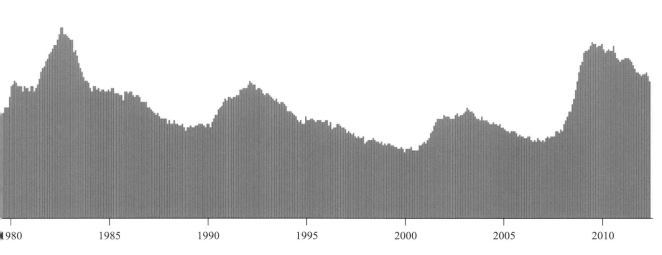

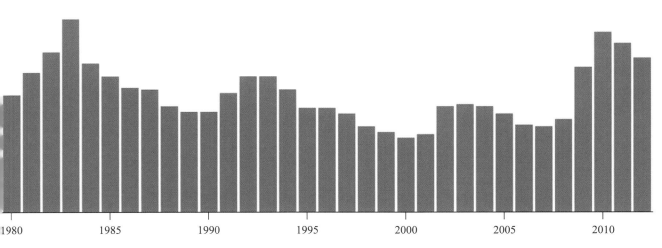

**失业率**

图 4—17　**时序数据的折线图**

**失业率**

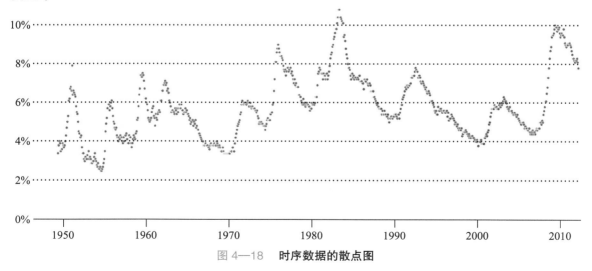

图 4—18　**时序数据的散点图**

**失业率**

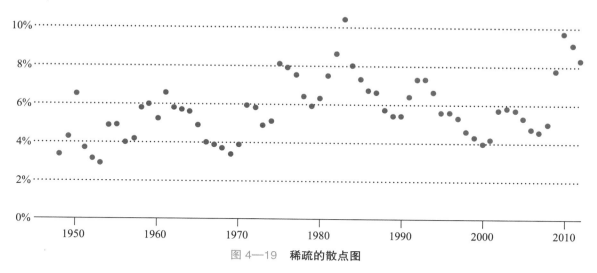

图 4—19　稀疏的散点图

**失业率**

图 4—20　用线连接的稀疏散点图

**失业率**

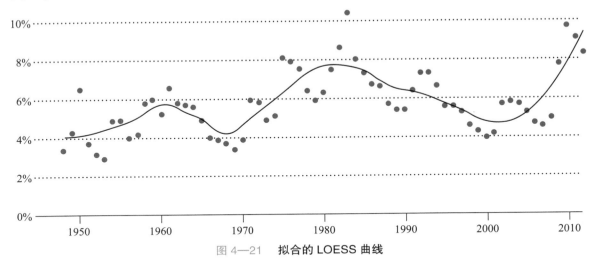

图 4—21　　拟合的 LOESS 曲线

**小贴士：** LOESS（或 LOWESS）是局部加权散点图平滑法（Locally weighted Scatterplot Smoothing）的缩写。这是威廉·克利夫兰发明的统计方法，适合数据子集不同点的多项式函数。拟合后形成了平滑的线。

当然，图表形式的选择取决于数据，虽然开始时可能看起来有很多选择，但通过实践才能知道使用何种图表最合适。这并非一门精确的科学（否则电脑就能完成全部工作了），相似的数据集也可能有很多不同的选择。

例如，之前关于失业率的图表展现了过去几十年的历史。你可以从图中看到峰值和谷值，例如在 2001 年和 2007 年到 2009 年的经济衰退期，你也可以看到整体变化率。如果你只对 5 个峰值及其后发生的事情感兴趣，那么研究路线就不同了。

## 循环

影响到经济以及失业率的因素很多，所以在各个显著增加的间隔中并没有表现出什么规律。例如，数据没有显示出失业率每十年上升 10%。然而，很多事情都是在规律性地重复着。学生们有暑假，人们也常在夏天度假，午餐时间通常很集中，因此街角那些卖比脸还大的墨西哥卷饼的餐厅一到中午就经常会排起长队。

从车祸数据中也能看到重复现象。人们多在夏季旅行，下午 5 点左右下班回家。星期六发生的车祸比一周中其他时候都多。这一信息可用来确认一周中每天工作的人数多少，以及他们何时在休假。

每日的航班

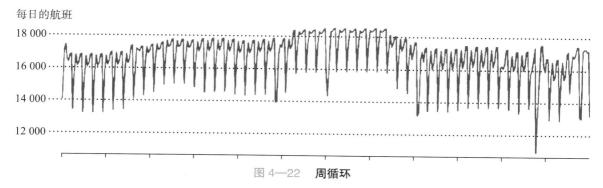

图 4—22　**周循环**

　　来自美国运输统计局的航班数据也显示了类似的循环现象。如图 4—22，这幅图表显示了周循环情况，通常星期六的航班最少，星期五的航班最多（与车祸数量相反）。

　　如果切换到极坐标轴，你也可以看到同样的模式，如图 4—23 里的星状图。从顶部的数据开始，顺时针看。一个点越接近中心，其数值就越低，离中心越远，数值则越大。

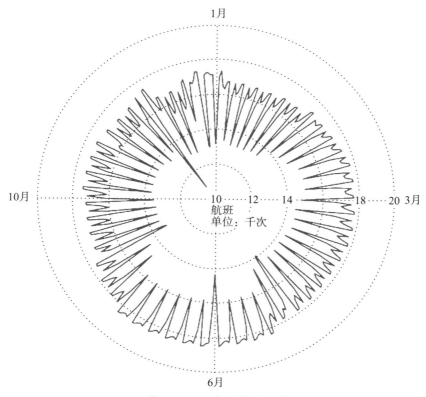

图 4—23　**时序数据的星状图**

因为数据在重复，所以比较每周同一天的数据就有了意义。比如，比较每一个星期一的情况。把时间可视化成连续的线或循环有些困难，但是可以把日子按每周分成段，这样就能直接比较循环情况了，如图 4—24 所示，这两个图分别是折线图和星状图。

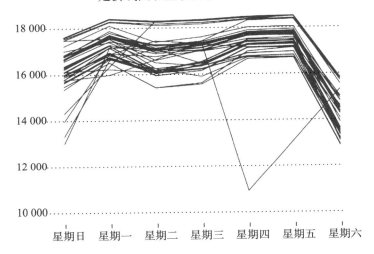

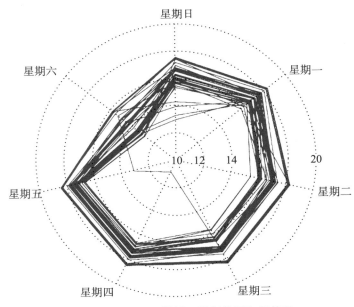

图 4—24 **显示重叠循环的折线图和星状图**

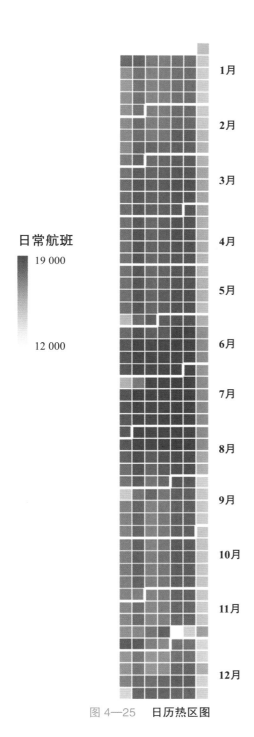

日常航班

19 000

12 000

1月

2月

3月

4月

5月

6月

7月

8月

9月

10月

11月

12月

图 4—25　日历热区图

图 4—24 中显示的日常模式很明显，重叠的细线形成了宽宽的带状。也有一些明显的异常值。有一个星期四和星期五的值比一年中其他时候都要低，还有 4 个星期日的值也很低。想一想为什么这几天旅游者比平时少。

要弄清那些异常值的日期，最直接的方法就是回到数据中一天天地查看最小值。数据永远是你的参考。你也可以参考图 4—17 的线性视图，了解大致情况。但有没有一种方法能让你可以直接知道日期并看到数据呢？有，图 4—25 就以常见的日历格式展示了数据。第一列是星期日，第二列是星期一，以此类推，最后一列是星期六。

日历热区图与折线图相比，其优点是从头到尾查看循环时，很容易在行与列中找到指定的日期，也就很容易知道每一个数值是一年中的哪一天。前三个数值低的周日都出现在美国节假日的前一天，分别是 5 月 30 日阵亡将士纪念日，7 月 4 日独立日以及 9 月 5 日劳动节。最后一个周日是圣诞节。而数值低的周四和周五则出现在 11 月感恩节周末。

日历热区图的一个缺点是用颜色作为视觉暗示，难以区分小的差异。而折线图的位置很容易比较。不同的视图各有利弊，但从所有角度观察数据是没有坏处的。

**小贴士：** 日历热区图是日常生活中非常直观的视图，但没有被当作研究工具充分利用。它终会派上用场。

### 寻找变化的意义

总体来说，我们要寻找随时间推移发生的变化。更具体地说，我们要注意变化的本质。变化很大还是很小？如果很小，那这些变化还重要吗？想想产生变化的可能原因，即使是突发的短暂波动，也要看看是否有意义。变化本身是有趣的，但更重要的是，你要知道变化有什么意义。

## 空间数据的可视化

空间数据很容易理解，因为任何时刻，比如在读到这句话的时候，你知道自己在哪儿。你知道自己住在哪儿，去过哪儿以及想去哪儿。

空间数据存在自然的层次结构，可以并需要以不同的粒度进行探索研究。在遥远的太空中，地球看起来就像个小蓝点，什么也看不到；但随着画面的放大，你就可以看见陆地和大片的水域了，那是大陆和大洋。继续放大，你还可以看见各个国家及其海域，然后就是省、州、县、区、市、镇，一直到街区和房屋。

全球数据通常按国家分类，而国家的数据则按州、省或地区分类。然而，如果对各个街区或相邻区域的差异有疑问，那么这种高层级的集合就没有太多用处。因此，研究路线取决于拥有的数据或者能够得到的数据。

探索空间数据最简单的方法就是用地图，把数值都放在地理坐标系中。你的选择很多，图4—26中给出了一些选择。

**小贴士：** 可视化空间数据时，地图并非总是包含信息量最多的方式。通常你可以按地区分类，查看某个地区时，条形图可能更有用。

如果只关心单个位置，可以在地图上画出点，如图4—27所示。地图中只显示了美国30个最繁忙的机场，这是基于2011年的离港航班数据。如你所料，这些繁忙的机场都位于大城市或其附近，如洛杉矶、华盛顿特区、纽约和亚特兰大。

图4—28中用气泡代表机场，气泡大小取决于离港航班的数量。加上面积这个视觉暗示，你不仅看到了一些最繁忙机场的位置，也看到了它们之间相比哪个更繁忙。亚特兰大国际机场2011年的离港航班最多，其次依次是芝加哥奥黑尔机场、达拉斯沃思堡国际机场、丹佛机场和洛杉矶机场。

## 位置

直接凭直觉将经纬度搬到二维空间，但要标注的位置比较多时，可能会有问题。

**位置图**

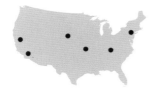

点代表位置，可以度量

**联系**

相连的点表明了位置间的关系

## 地区

相比地图上重叠的点，跨区域的点的密度经常能传递更多的信息。

**等值线图**

依据数据为地区涂色，其含义基于尺度而改变

**等高线图**

线条表明地理分布数据的连续性，使用了密度

## 统计地图

等值线图中，面积较大的区域显示出来也会更大，不考虑数据，而统计地图则依据数据标注地区大小，而不考虑其实际大小。

**圆形统计图**

整个地区依据数据用形状表示大小，而不考虑该地区实际大小

**基于扩散的统计图**

依据数据标出各地区大小，但地区间的分界线依然存在

图 4—26 **空间数据的可视化**

图 4—27　地理坐标系中的点

你可能更想研究不同地点间的联系。例如，近年来人们已经在 Facebook 和 Twitter 这类社交网站上把全球的朋友关系可视化了。你可以看到哪里的人们喜欢使用这些网站，并且可以看到他们是如何互动的。

通过地图上的气泡，你已经看到了离港航班的数量，但这些航班飞往哪里呢？每个航班都有出发地和目的地，图 4—29 显示了这些航班的航线。航线越明亮，表明两个机场间的航班就越多。这样我们就可以看出哪些机场更繁忙、航班密度更大。

同时绘制大量数据的时候，看到模式显现出来是很有趣的。这幅地图表示 2011 年有超过了 600 万架次的国内航班，你可以大致了解到人们从哪里飞往哪里了。但如果把数据分类，你就能从中了解到更多的信息。例如，图 4—30 按航空公司分类航班，你可以从新的维度观察这些数据。

**小贴士：**数据很多的时候，把它们分组往往是有好处的，这样你就可以更清楚地看到细节。

夏威夷航空公司只飞美国西海岸到夏威夷群岛的航班；大西洋东南航空公司名副其实；美国西南航空公司只飞邻国；达美航空公司则飞很多地方，但你可以看到他们的主要枢纽在亚特兰大、纽约、底特律和盐湖城。

图 4—28　　用气泡在地图上显示额外的度量

## 区域

为了维护个人隐私，防止个人住址泄露，通常要在发布数据前聚合空间数据。有时你不可能在更高粒度级别进行估计，这个工作量太大了。例如，在具体国家之外很少能见到全球的数据，因为很难在每个国家都获取到这么详细的大样本数据。

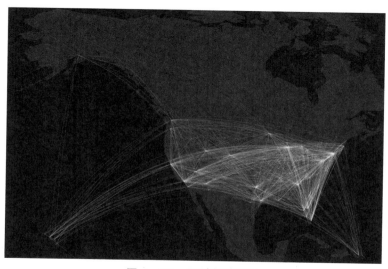

图 4—29　　两地间的航线

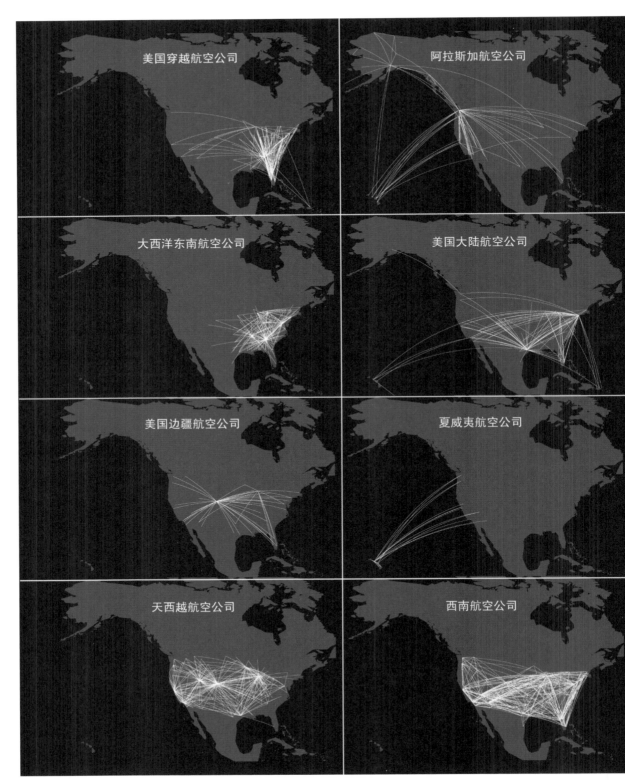

图 4—30 以更具体的视角分类数据

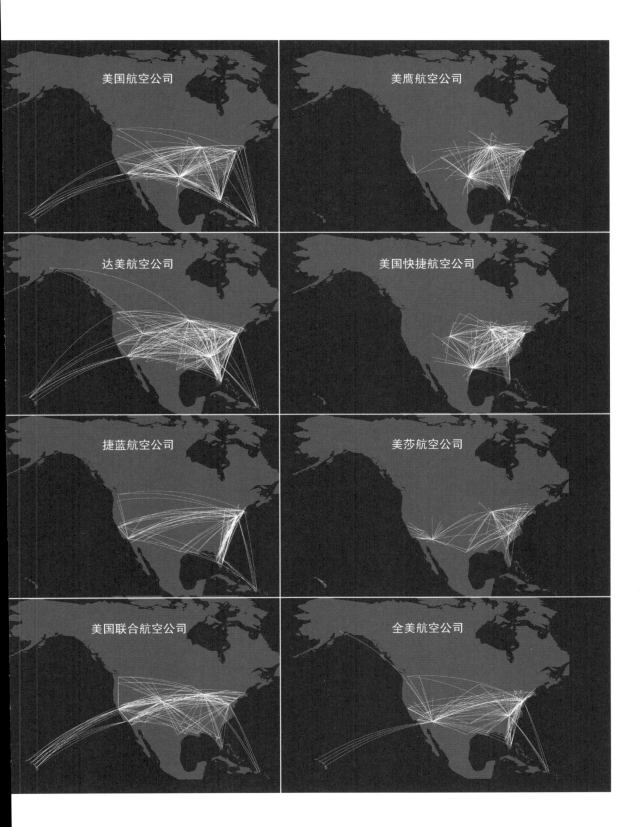

美国航空公司　　美鹰航空公司

达美航空公司　　美国快捷航空公司

捷蓝航空公司　　美莎航空公司

美国联合航空公司　　全美航空公司

如果估算同样的东西，为什么不合并研究呢？如果方法不同，很难获取可比较的结果。而在其他时候，合并数据也是有意义的，因为人们想要比较不同的区域。例如，如果使用开放数据，通常能看到对国家、州和县的估算。虽然不是很详细，但你仍然可以从聚合数据中得到信息。

等值区域图是在某个空间背景信息中可视化区域数据时最常用的方法。这种方法使用颜色作为视觉暗示，不同区域根据数据填色。数值大的区域通常用饱和度高的颜色，数值小的区域则用饱和度低的颜色，如图4—31所示。

这张地图显示了世界各国汽油的大致价格。棕色越深，每加仑汽油的价格就越高。灰色表示该国没有可用的数据。与美国相比，欧洲和非洲的油价相对较高。

你能从数据中读出多少内容？看看你所在国家的汽油价格，你会看到价格是浮动的。见

**每加仑汽油的价格**
（单位：美元）

2 4 6 8　　没有可用数据

图4—31　全球等值区域图

鬼，相隔几个街区的两个加油站，价格竟然可能相差很大。因此，虽然你可以看到整体模式，但也不要在研究的时候过早下结论，特别是在数据来源很多时，比如来自政府数据库或报纸新闻，也可能包含不同年份的数据。

另一方面，一些消息源使用了成熟的方法，而且已经实施了很长时间。例如，美国劳工统计局每个月都会预估失业率。在图4—17中，你可以看到全国范围长期内的估值。你也可以看到每个县的数据，如图4—32所示。这幅地图显示了2012年8月份每个县的失业率。你可以看到西海岸和东南部失业率很高，中西部地区失业率则较低。

有时空间数据确实包含具体的地点，但你对整体会更感兴趣。你可能有包含许多地点的数据集，在大城市里也有许许多多的位置点。在绘制完整的地图时，这些点会重叠在一起，

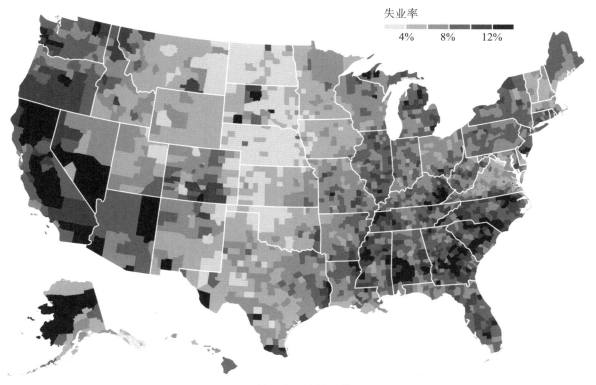

图4—32　美国失业率的县等值区域图

很难分辨出在密集的地区到底有多少数据。

举例来说，图 4—33 显示了 1906 年到 2007 年间所有的 UFO 目击记录，这些数据来自美国国家不明飞行物报告中心。在有许多目击者的地区（奇怪的是其中有很多地方位于大型机场），你只能看见一团黑，很难说清楚有多少次 UFO 目击事件，重叠的太多了。

图 4—34 显示了同样的数据，但使用了填充的等值线图。这个图用色标来显示目击事件的密集度，白色意味着有更多的目击事件，黑色则意味着没有，不同深浅的红色介于二者之间。

图 4—33　地图上重叠的点

图 4—34　　填充的等值线图

## 统计图的优缺点

绘制地图，尤其是绘制等值区域图时所面临的一个挑战是大面积的区域总是得到更多的注意，无论其数据如何。它们在现实世界及电脑屏幕上占据了更多的空间。统计图可以弥补这个缺陷。在某种程度上保留地点，但地理学的面积和边界则不复存在。

例如，基于扩散的统计图虽然保留了边界，但却将它们延长了，以便让区域的面积与数据保持一致。图 4—35 用统计图显示了关于 UFO 目击事件的数据。注意，图中得州缩小了，而加州则增大了。

显然，统计图的优点是面积和数据大小相当，缺点是地理精度不够。如果数据范围大，且代表更大的区域，这个折衷就值得了；但如果区域的大小一致，那么等值区域图可能更适合。

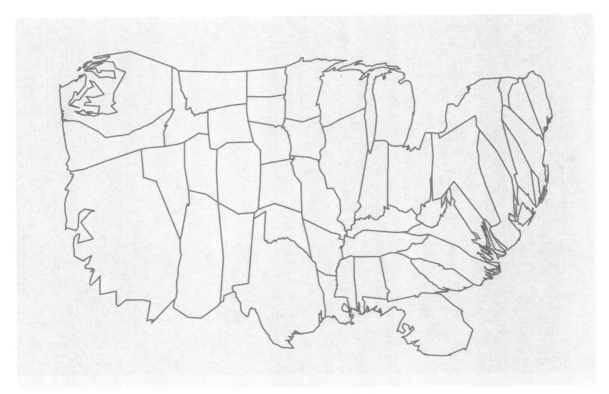

图 4—35　基于扩散的统计图

### 寻找区域模式

空间数据和分类数据很像，只是其中包含了地理要素。首先，你应该了解数据的范围，然后寻找区域模式。某个国家、某个大洲的某个区域是否聚集了较高或较低的值？关于一个人满为患的地区，单独的数值只能告诉你一小部分信息，所以想想模式隐含的意义，参考其他数据集以证实自己的直觉判断。

## 多元变量

数据通常以表格的形式出现，表格中有多个列，每一列代表一个变量。你可能有一份包含多个问题的调查问卷回执，或是一个对某系统进行多方面测试的实验结果，抑或是各国的人口数据, 而每个数据包含的信息都是多元的。

有一些可视化方法能让你在一个视图里探索研究多变量数据。也就是说, 所有的数据都在一个屏中显示, 你可以解读各个变量间的关系, 研究每个变量的变化趋势。

然而变量间的关系通常不是那么直观的, 你并非总能清晰地看出上升或下降趋势。在这种情况下, 使用多个简单的图表更为有效。方法依然取决于数据。

## 少数变量

在时序数据中, 你探寻当一个变量如时间变量变化时, 另一个变量是如何变化的。同样, 如果有关于人物、地点和事件的两个度量时, 你可能想知道其中一个度量变化时, 另一个是如何变化的。入室盗窃率高的城市凶杀犯罪率是否也高? 房价和住宅建筑面积之间是怎样的关系呢? 每天喝汽水多的人是否会更胖?

你可以像用时序数据寻找其关系一样, 可视化这些变量间的关系。本章中的散点图把时间放在水平轴上, 变量放在垂直轴上, 用另一个变量代替散点图中的时间变量, 就得到了两个变量的散点图, 如图 4—36 所示。图中的每个点都代表美职篮 2008 年至 2009 年赛季中的一个球员。使用率 (usage percentage) 是对球员在场上时使用球权的百分比估算, 放在水平轴上, 而场均得分则放在纵轴上。如你所料, 控球时间长的球员场均得分可能也较高。

这一变量间的统计关系被称作相关性。一个变量增加时, 另一个变量通常也会增加。在这个例子中, 相关性在图表中表现得强烈而明显, 但相关强度有可能不同, 如图 4—37 所示。

为了更明确地了解两个变量是如何相关的, 你可以用合适的线穿过这些点, 如图 4—38 所示。图 4—21 中对时序数据用过同样的方法。上升曲线从每场比赛的场均得分接近零的地方开始, 伸出去, 显示出一种线性关系 (如果这条线像正弦波, 情况就不同了)。

探索变量关系的时候, 不要混淆了因果关系和相关性。就可视化而言, 两个变量间的相关性和因果关系看上去相似。如果不一样, 那么分析因果关系通常需要该领域专家拥有更严格的统计分析和背景知识。

显然, 一些因果关系很容易理解, 比如把手放在明火上会烧到自己, 这就是为什么人们不会在火中漫步。另一方面, 这些年来牛奶和燃油的价格都在上涨。要想在加油站省钱, 是

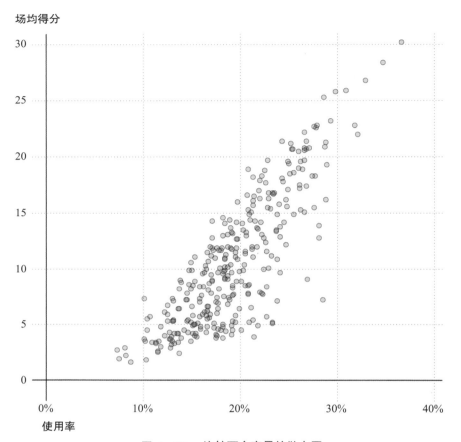

图 4—36    比较两个变量的散点图

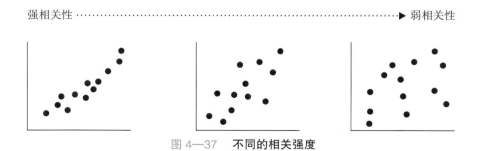

图 4—37    不同的相关强度

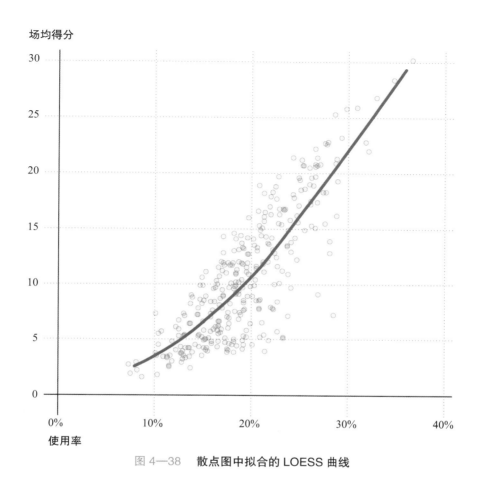

场均得分

使用率

图 4—38　　散点图中拟合的 LOESS 曲线

不是应该降低牛奶的价格？篮球运动员得分更多是因为他们控球更多，还是因为他们擅长得分？是因为教练给的机会更多，所以他们的控球时间长？

　　图 4—39 显示了在散点图中引入第三个变量的两种方法。左边的符号图看起来应该很熟悉，在本章刚开始的时候，我们就用它在地理坐标系中显示过空间数据。圆圈的面积代表每场比赛中的助攻次数。右边的散点图用颜色而不是面积来表示同样的内容。颜色越深，表示每场比赛的助攻次数就越多。

**小贴士：**不要混淆因果关系和相关关系。他们可能看起来一样，但前者比后者更难证实。

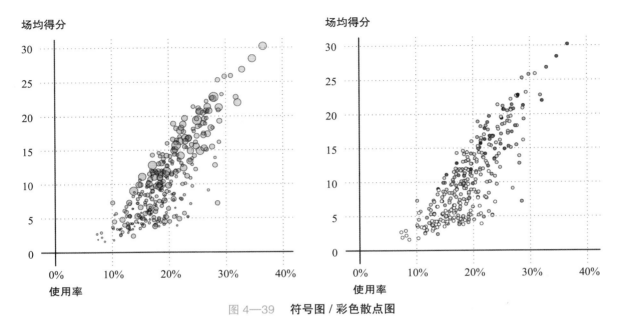

图 4—39 **符号图 / 彩色散点图**

预期是你会看到更大的圆圈或更深的颜色聚集在散点图同一个区域。在图 4—40 中，你可以看到助攻王位于右上角使用率和场均得分更高，但波动很大，没有显示出清晰的趋势。有些球员每场比赛助攻很多但得分很少，也有些球员得分很多，使用率高，助攻也很多。然而有一点很清楚，那些得分不多、使用率低的球员通常助攻也很少。

你也可以叠加编码，用大小和颜色表示第三个变量，如图 4—40 所示。更多的视觉暗示可以帮助加强只有一个视觉暗示时可能难以看清的内容。

例如，如果你想要用面积和颜色表示两个独立的度量，这幅图可能就很难读懂了。图 4—41 在使用率和场均得分两个坐标轴上显示了相同的数值，但是用面积表示篮板球，用颜色表示助攻。将这幅图与前一幅图相比，显然额外的编码并没有使其想传递的信息更为清晰。

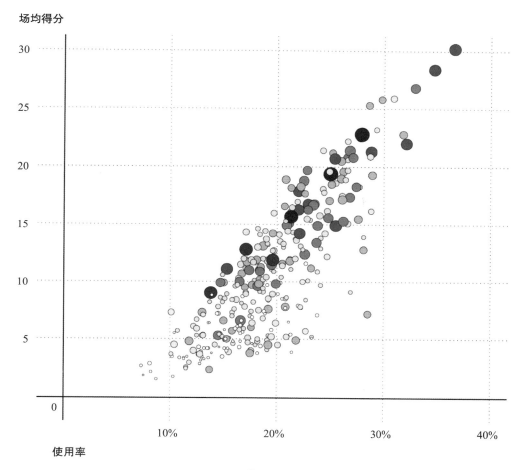

图 4—40　使用过多的视觉暗示

## 许多变量

你可能会用散点图显示 4 个变量，那如果有 5 个变量呢？有 10 个变量呢？散点图中只有这些空间用来容纳这么多视觉暗示。和散点图不同,有许多视图更有利于同时比较多重变量。

**小贴士：** 你可能正在寻找一个规则，看看最多可以使用多少个编码而不至于毁掉一幅可视化图，我说的可能过于笼统了。用多少个编码取决于数据，试试就知道了。

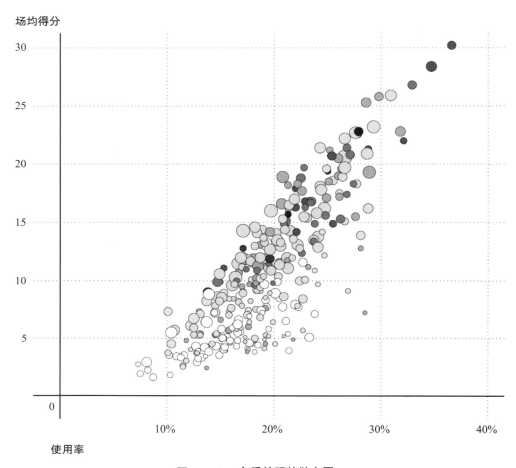

图 4—41　　**多重编码的散点图**

　　如图 4—42 所示，热区图可以把数据表转换为一系列颜色。这张图显示了同样的篮球运动员数据，还有一些其他变量，包括出场次数、投篮命中率和三分球命中率。每一行代表一个球员，颜色越深表示数值越高。

　　球员按字母顺序排列时，很难看出其中的模式，但如果按某一列排序，比如场均得分，如图 4—43，就很容易看清关系了。例如，使用率和出场时间大致上都是从深色到浅色。另一方面，失误率显示出负相关性，因为其颜色是从浅到深，出场次数、投篮命中率和三分球命中率看起来非常散乱，即使有相关性，也是非常弱的相关性。

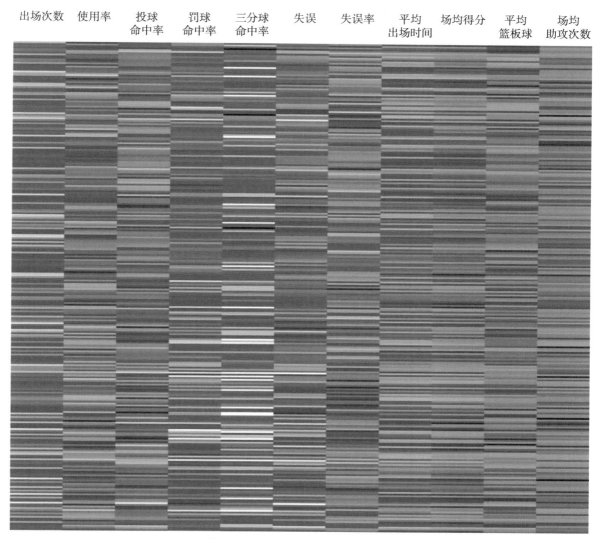

图 4—42　**显示多重变量的热区图**

　　平行坐标图可以水平显示变量，和热区图中使用的颜色不同，这里使用垂直位置，如图4—44 所示。每个纵坐标都代表一个变量，取值范围通常从该变量的最小值到最大值，最大值显示在顶端，最小值显示在底端。根据每个变量的位置，从左向右画线。

　　例如，要绘制一个球员的信息，你要从左边开始，查看他的出场次数，从第一个纵坐标相应的点开始画一条线，连到下一个纵坐标与该球员使用率相对应的点。以此类推，连接所

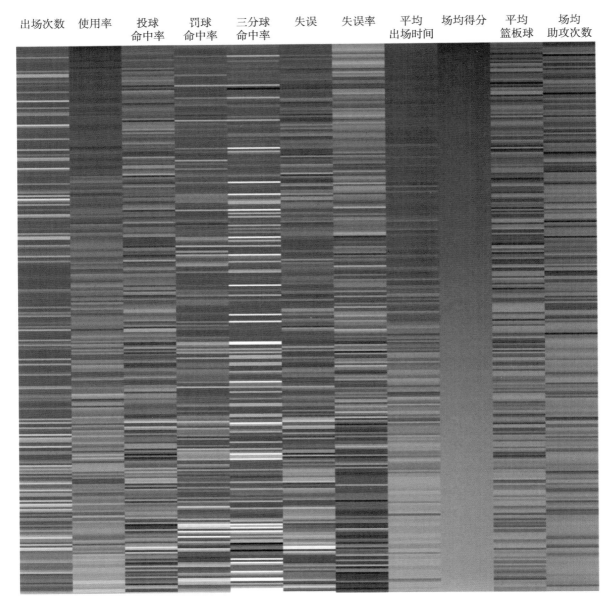

| 出场次数 | 使用率 | 投球<br>命中率 | 罚球<br>命中率 | 三分球<br>命中率 | 失误 | 失误率 | 平均<br>出场时间 | 场均得分 | 平均<br>篮板球 | 场均<br>助攻次数 |

图 4—43　**热区图中的关系**

有的变量，画出代表所有球员的线，就得到了平行坐标图。

　　如果所有变量间都有很强的正相关性（这种情况几乎从未发生过），那么所有的线都会是笔直的。如果两个变量负相关，就会看到一个变量纵坐标的顶端与另一个变量纵坐标的底端相连。图 4—45 展示了更多这样的关系。

没有清晰的关系时，很难看出有什么模式。图 4—45 显示了球员间的变化很大，所以最终得到了一团乱七八糟的线。你可以根据某个标准高亮显示数据，这样看起来更好。

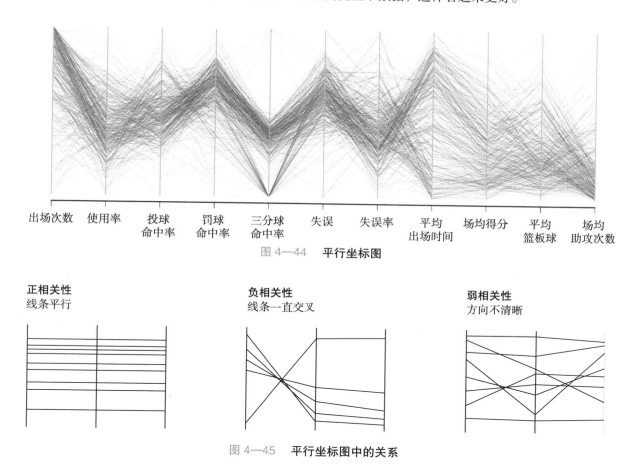

图 4—44　**平行坐标图**

图 4—45　**平行坐标图中的关系**

比如，如果用高亮显示场均助攻 5 次以上的球员，灰色显示其他球员，那么就很容易看清这类球员的其他技术统计结果了（见图 4—46）。助攻王出场次数更多，出场时间更长，并且失误更少，但在得分和投篮命中率上各不相同。

虽然热区图和平行坐标图提供了数据总体情况，但你还想更仔细地查看个人的数据。如同时序图，图 4—47 中的星状图也可以分别显示数据，即每行数据都有自己的图。

时序数据的例子中用极坐标系中的角度表示时间。这个例子使用了多重变量。星状图可以用同样的方式成为极坐标版的时序图，也可以是极坐标版的平行坐标图。

## 多视角的使用

有人倾向于一次同时显示所有数据。分类数据要用条形图，而时序数据则要用折线图。如果有已分类的多重变量，并具有时间性和空间性，你也可能想把所有的数据都放在一张表里。

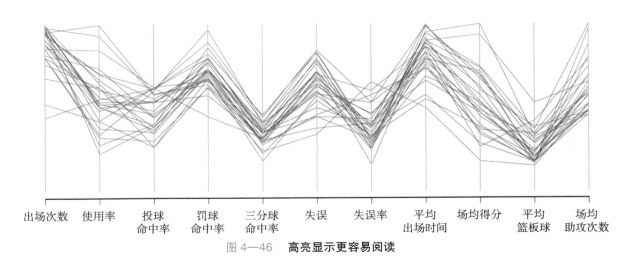

出场次数　使用率　投球命中率　罚球命中率　三分球命中率　失误　失误率　平均出场时间　场均得分　平均篮板球　场均助攻次数

图 4—46　**高亮显示更容易阅读**

一般来说，使用多张图的效果往往会更好，因为这样你可以从不同的角度查看数据。例如，你可以在不同的维度上绘制很多同类图表，如图 4—30 中的地图。航班数据实际上是可以分类的，有空间性和时间性，因此数据呈现出自然的分隔，你也能看到关于地点的提示。图 4—48 探索了航班数据中的时序部分。图中的每一条线都代表着一家航空公司的航班数量。

散点图矩阵可以代替平行坐标图显示相似的关系，如图 4—49 所示。矩阵中变量间的关系比平行坐标系中更容易看到，因为可以两两比较而不是试图一次弄清多重变量间的关系。后者往往复杂且难以看清。

A. 巴格纳尼

A. 比德林斯

A. 博格特

A. 拜纳姆

A. 霍福德

A. 杰弗逊

A. 瓦莱乔

B. 洛佩斯

B. 米勒

C. 安德森

C. 卡曼

D. 霍华德

E. 丹皮尔

E. 奥卡福

G. 戴维斯

G. 奥登

J. 福斯特

J. 诺亚

J. 奥尼尔

J. 普尔兹比拉

K. 珀金森

M. 加索尔

M. 奥库

N. 科利森

N. 伊拉里奥

N. 科斯蒂

R. 图里亚夫

R. 华莱士

S. 戴勒姆波特

S. 奥尼尔

T. 钱德勒

Y. 明

Z. 伊戈斯卡斯

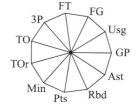

图 4—47　**星状图**

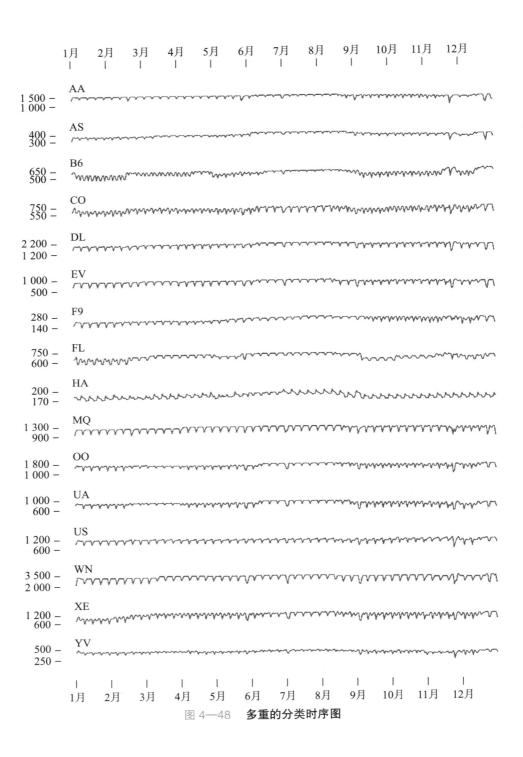

图 4—48　多重的分类时序图

同时从不同视角观察数据通常也是有益的。例如，图4—50用热区图、条形图和星状图显示了几名球员的数据。热区图显示了球员投篮位置的详细信息，条形图显示了统计情况，而星状图则显示了其他变量的值。这些图放在一起代表了不同的打球风格，或者更笼统地说，展示了几个分类的细节概览。

### 寻找数据间的关系

有很多可视化方法能帮助你探索数据的各个方面，无论是分类、时间、空间，还是全都结合在一起。你可以把所有的数据同时可视化，也可以从更简单更直观的视角，发现它们之间的关系。有时两个变量间的关系简单易懂，但通常变量间的关系是复杂的，尤其是当变量超过两个时。研究时不要进行假设，并记住数据中没有包含的变量可能会带来变化。最后，在相关性和因果关系方面，需要考虑所有的背景信息，然后再指定因果关系。

## 数据的分布

你经常听到或看到平均数和中位数的概念。它们会被用来描述一组人物、地点或事物，这些衡量标准通常包含"正常"或"平均"的意味，任何与这些标准偏差大的值就是异常值或高于、低于平均水平的值。然而，什么才是极端高于平均值或只比平均值低一点呢？比中位数大10%是多还是少呢？为了回答这些问题，必须更多地了解数据，不能只知道平均值是多少，你得知道数据的范围。

现在来看一个经典的例子。想象一下，房间里有100个成年人。这100个人的身高不同，如图4—51所示，他们的身高从4英尺[①]10英寸[②]到6.5英尺不等，他们的平均身高是5英尺4英寸。

数清所有点之前，很难确定各种身高的人都有多少。如果把所有人按身高从最矮到最高进行排列，就能更好地了解这一点，如图4—52所示。有一些相对较高和较矮的人，但大多数人的身高在5英尺到6英尺之间。中位数线在中间64英寸处，50个人不到这个高度，50个人高于这个高度。

---

① 1英尺=30.48厘米。——译者注
② 1英寸=2.54厘米。——译者注

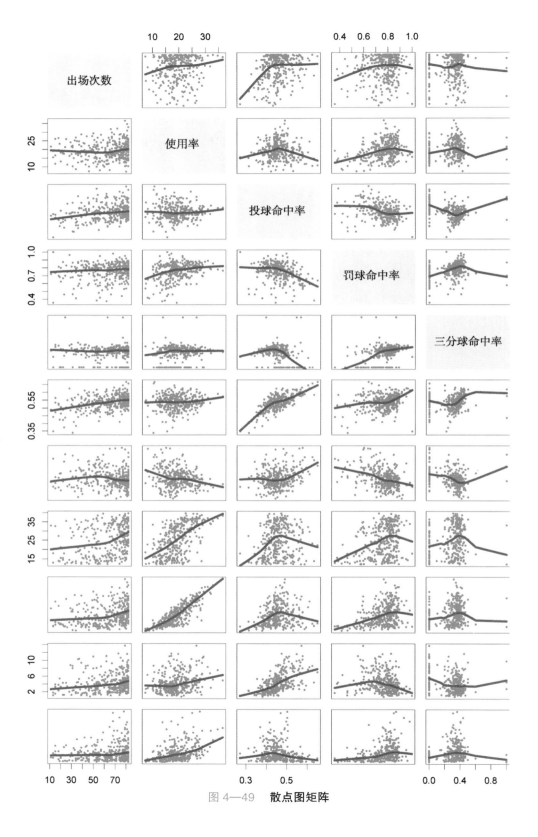

图 4—49　散点图矩阵

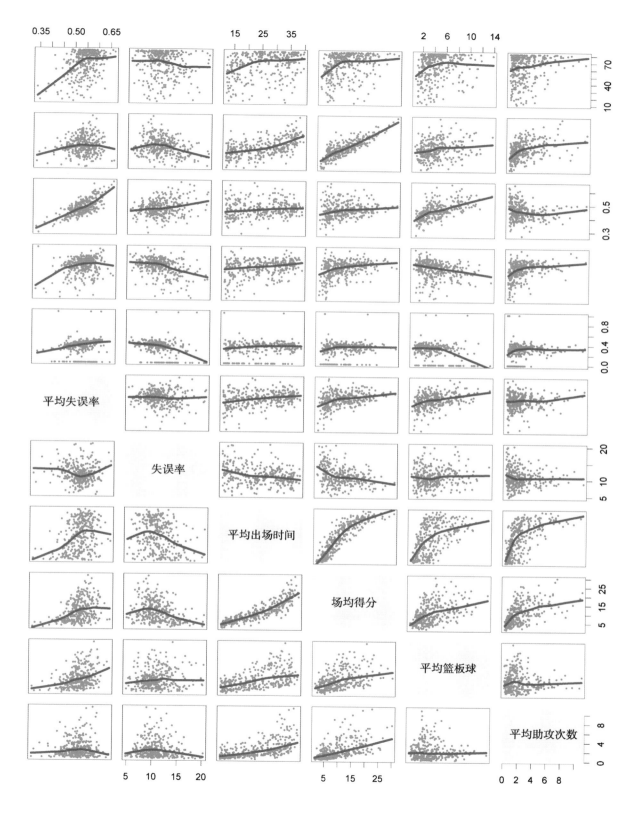

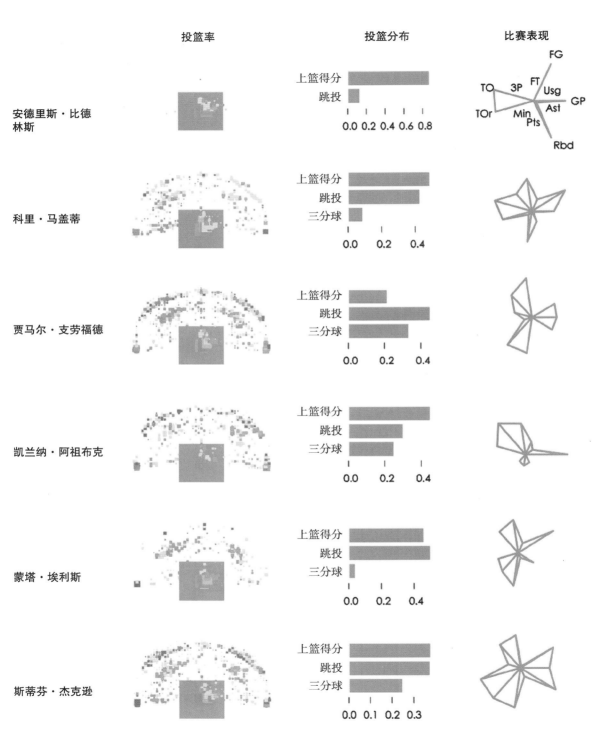

图 4—50  用多种可视化方法从不同的维度进行的探索

现在你对房间里人们的身高已经有了更好的了解，但还有一些更好的方法来查看身高的分布。你可以把他们按身高分类，比如显示出 4 英尺到 4.5 英尺之间的人，如图 4—53 所示。

现在很容易看出哪个身高段的人数最多，也可以看到身高的范围。然而，散点图占空间较多，尤其是如果有很多身高数据需要展示时。你可以换成条形图，如图 4—54 所示。这张图被称为直方图，很快就会见到更多这样的图。这种计数和归类的过程是用来研究数据分布可视化的基础。

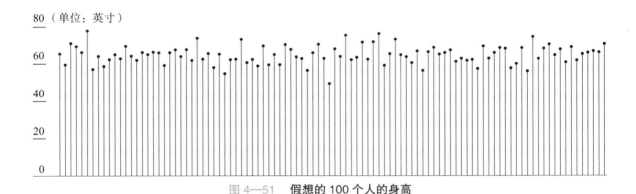

图 4—51　**假想的 100 个人的身高**

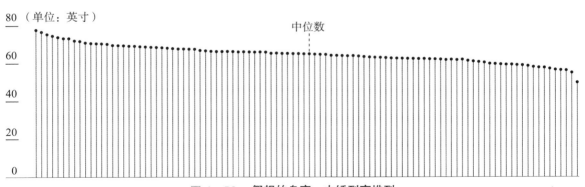

图 4—52　**假想的身高，由矮到高排列**

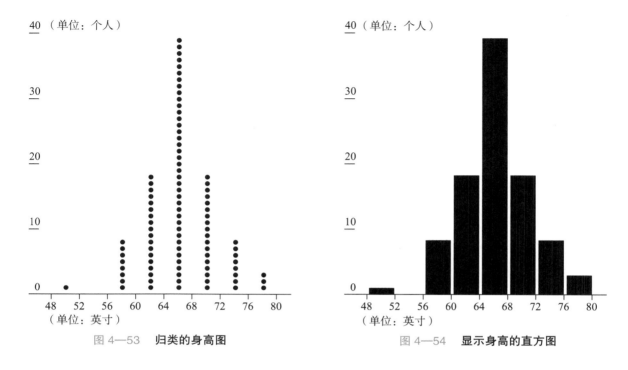

图 4—53　**归类的身高图**　　　　　　图 4—54　**显示身高的直方图**

　　如图 4—55 所示，你可以用不同的粒度来可视化分布数据。一些视图只显示统计数据概要，如中位数。而另一些视图，如直方图，则更详细地显示了分布情况。

　　如图 4—56 所示，是对总体情况的可视化，提供了数据分布的总体感觉。中间的箱子由上四分位数与下四分位数定义。即中位数（中间的线）代表中间点，下四分位数表示有 1/4 的数值低于该数值，而上四分位数表示有 1/4 的数值高于该数值。

## 分布小结

你可以用不同的粒度可视化数据，这让不那么具体的分布也显示出了重要的价值。

**箱形图**

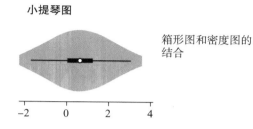

显示数值范围、中位数和四分位数

**小提琴图**

箱形图和密度图的结合

## 一个变量的分布

你可以看到数据聚集的地方，也可以通过追踪其在数值轴的位置看到所有离群值。

**直方图**

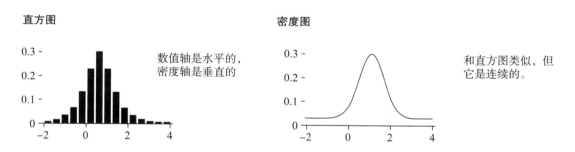

数值轴是水平的，密度轴是垂直的

**密度图**

和直方图类似，但它是连续的。

## 多重变量的分布

有时数据成对出现。同时显示出两个值是有意义的。

**热区图**

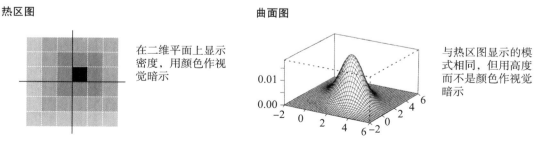

在二维平面上显示密度，用颜色作视觉暗示

**曲面图**

与热区图显示的模式相同，但用高度而不是颜色作视觉暗示

图 4—55 **可视化数据分布**

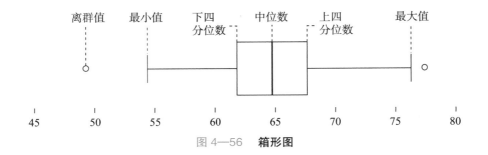

图 4—56　**箱形图**

上四分位数与下四分位数间的范围被称为四分位间距。下限和上限边界分别由下四分位数和上四分位数减去和加上 $1\frac{1}{2}$ 个四分位间距来确定。如果最大值和最小值都在上下限内，那么绘制边界线只是为了确定范围。否则，所有上下限外的点都会被视作异常值。

就是说，术语让本不复杂的图表变得更难以懂。重点是，你可以用箱形图观察数据的总体分布情况，也可以用多张箱形图比较分布情况，如图 4—57 所示。

直方图提供了更为详细的视图，我们在图 4—54 中已经看到过了。条形的高度代表在相应范围内数值的比例，改变箱形的大小，也就改变了可见的变化量。图 4—58 显示了如可用不同的箱形图表示相同高度的数据。

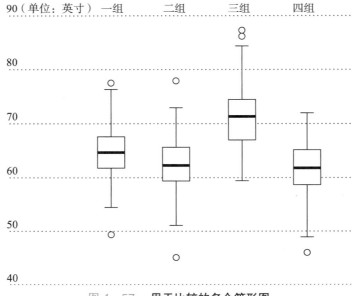

图 4—57　**用于比较的多个箱形图**

**一英寸宽的箱形**

　　小箱形以更高的粒度显示了变化。

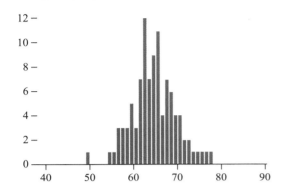

**两英寸宽的箱形**

　　变化少了，但是中位数附近的分布更加明显了。

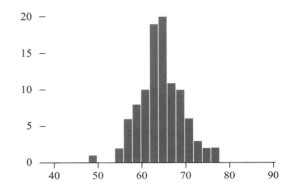

**半英尺宽的箱形**

　　可以看到中位数附近的分布，但只能看到一些变化。

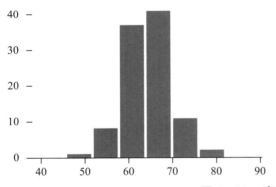

**一英尺宽的箱形**

　　数据分布不明显，箱形太宽导致细节太少。

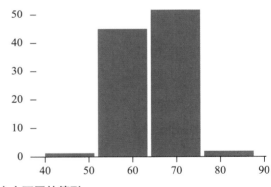

图 4—58　　**直方图中大小不同的箱形**

　　和箱形图一样，你也可以用多幅直方图比较数据分布。让我们再最后看一次航班数据。图 4—59 显示了大型航空公司航班晚点的分布情况。晚点超过 15 分钟的航班用橙色高亮显示。

　　请注意，0 分钟处尖尖的凸起，表示航班准点到达。看起来航班要么是准点到达，要么就是记录数据的时候四舍五入了。你看到的不只是平均数和中位数。

小贴士：箱形大小取决于数据集，但要足够大才能看到取值范围内的变化，太小了干扰太多，会让直方图变得难以理解。

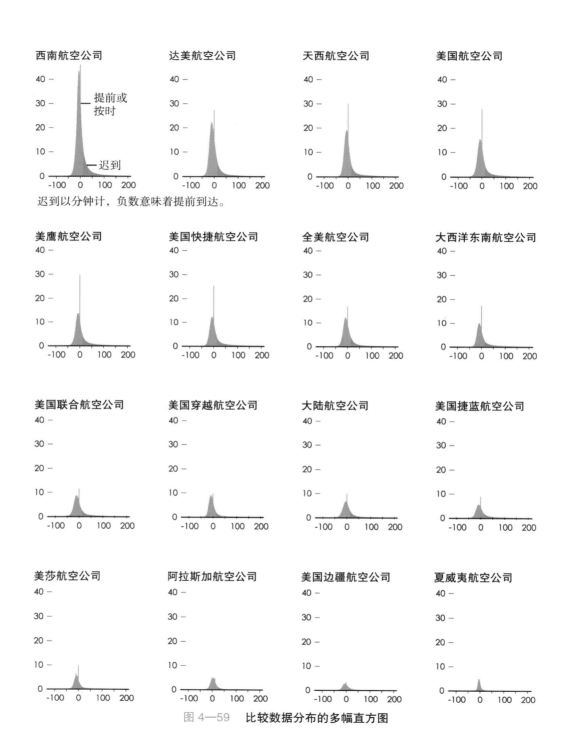

图 4—59　比较数据分布的多幅直方图

### 不只是寻找平均数和中位数

无论用哪种可视化工具探索数据分布，你都要寻找峰值、谷值、数据范围以及数据的分布情况。比起平均数和中位数，这些东西能告诉你的内容更多。原始数据的视觉分析和概要统计间的变化往往更为有趣，因此机会出现时就要把握住。

## 小结

可视化是探索数据的好工具，随着技术的进步，与几年前相比，电脑已不再是一种限制因素。因此，要从数据中获取尽可能多的关键信息，以理解数据代表了什么、意味着什么，关键是，你要了解如何利用所已有的工具以及知道提出什么样的问题。这与是否找到合适的软件关系反而不大。

要考虑拥有什么数据，能得到什么数据，数据来源是什么，如何获取以及所有变量的意义是什么，然后用这些额外的信息来指导视觉探索。如果把可视化当作分析工具，你必须尽可能多地了解数据。即使你可视化数据的目的仅是为了将其用于报告中，探索研究也可以让你获得意外的认识，这有助于你制作出更好的图表。

# 第5章

# 让可视化设计更为清晰

在研究阶段，你要开始从各种不同的角度观察数据，浏览它的方方面面，而不必考虑太多的标准以及表达是否清晰。你之所以更了解图表，是因为在研究了大量快速生成的图表后你了解了更多的信息。无论如何，想要用图形的方式向人们展示研究结果，你就必须确保那些不像你一样了解数据的人也很容易理解图表。

人们经常错误地认为所有可视化都必须是简单的，这就跳过了一个步骤。实际上，你应该设计更清晰的图表，清晰的图表简单易读。有时候数据集是复杂的，可视化也会变得复杂。不过，只要能比电子表格提供的有用见解更多，它就是有用的。

怎样才能让图表更清晰呢？人们经常认为要移除所有不能帮助你表达数据的图形元素。"让数据说话"，就是你所要做的。这当然很好，但它认为快速地分析洞察就是可视化的唯一目标，然而这只是你能从数据中得到的冰山一角而已。仔细想想，在某种情况下显得多余的元素可能会在其他时候大显身手。

无论是定制分析工具还是数据艺术，制作图表都是为了帮助人们理解抽象的数据，尽力不要让读者对数据感到困惑。你如何才能做到这一点呢？你要学会了解我们是怎样看数据的，并使其为你所用。

## 建立视觉层次

第一次看可视化图表的时候，你会快速地扫一眼，试图找到什么有趣的东西。而实际上，在看任何东西时，人的眼睛总是趋向于识别那些引人注目的东西，比如明亮的颜色、较大的物体，以及处于身高曲线长尾端的人。高速公路上用橙色锥筒和黄色警示标识提醒人们注意事故多发地或施工处，因为在单调的深色公路背景中，这两种颜色非常引人注目。与此相反，人山人海中躲得很隐蔽的沃利（Wally）① 就很难找到。

你可以利用这些特点来可视化数据。用醒目的颜色突出显示数据，淡化其他视觉元素，把它们当作背景。用线条和箭头引导视线移向兴趣点。这样就可以建立起一个视觉层次，帮助读者快速关注到数据图形的重要部分，而把周围的东西都当作背景信息。对于没有层次的图表，读者就不得不盲目搜寻了。

---

① 《沃利在哪里？》（Where's Wally?）是一套由英国插画家马丁·汉福德（Martin Handford）创作的儿童书籍，目标就是在图片的人山人海中找出一个特定的人物——沃利。——译者注

举例来说，图 5—1 是上一章里显示 NBA 球员使用率和场均得分的散点图。数据点、拟合线、网格和标签都用同样的颜色，线条粗细也一样，没有呈现出一个清晰的视觉焦点。这是一张扁平图，所有的视觉元素都在同一个层次上。

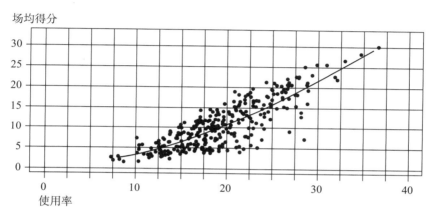

图 5—1　所有视觉元素都在同一个层次上

很容易通过一些细微的改变做出改进。图 5—2 中网格线变细了，使它们看上去不再像拟合线一样粗。你希望突出数据，而网格线粗细交替，很容易定位每个数据点在坐标系中的位置，使它们不会像第一张图中那样模糊不清。

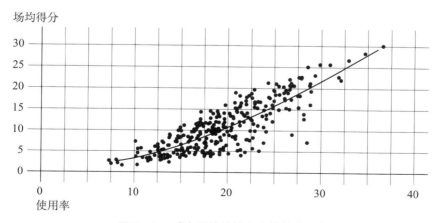

图 5—2　减少网格线的宽度使其成为背景

尽管如此，拟合线还是淹没在了一大片数据点中。因为和点的半径相比，拟合线还是太细，而且它仍和背景的网格融为了一体。图 5—3 把数据点和拟合线的颜色改成了蓝色，使数据更为突出，加粗的拟合线也更清楚地呈现了在数据点之上。

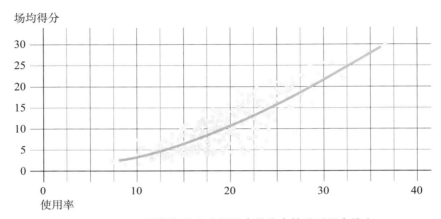

图 5—3　**用颜色和宽度把图表的焦点转移到拟合线上**

现在图表的可读性强多了。看图和看一大段文字一样，顺序是从上到下、从左到右，描述性更强的坐标轴标签比强调数值的标签效果好，如图 5—4 所示。图表中的文字起到了和在论文、图书中一样的作用。标题通常可通过用大号字体和粗体来加强结构和流动感。在这个例子中，粗体标签让人一下子就明白了图表说的是什么。同样，你会注意到突出的网格线越来越少，把图表的焦点进一步引向了上升的趋势。

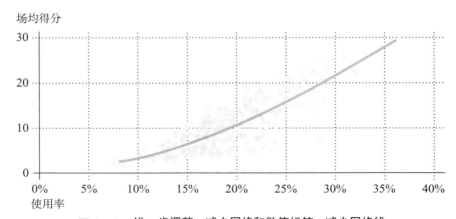

图 5—4　**进一步调整，减少网格和数值标签，减少网格线**

即使绘制图表只是为了研究或对数据进行概览，而不是为了察看具体的数据点或者数据中的故事，比如趋势线，你仍然可以通过视觉层次将图表结构化。同时呈现大量的数据会造成视觉惊吓。按类别细分则有助于读者浏览图表。例如，图5—5中，拉里·戈尔姆勒（Larry Gormley）展示了100年以来20多种不同类型的2 000部电影。

图5—5中的每一层都用交替的颜色来区分不同类型的电影。从左往右浏览，即使没看到类型名，也很容易看懂图。不同的字体和颜色用来区分电影类型和电影片名，类型名用红色字体，片名则用黑色字体。底部时间线用刻度划分了不同时期的电影。如果全都用同样的颜色和字体，像图5—1中的散点图那样，看起来就会很让人头疼。

有时候，视觉层次可以用来体现研究数据的过程。假设在研究阶段生成了大量的图表，你可以用几张图来展示全景，在其中标注出具体的细节另有图表单独表示。可以用这个思路来设计图表，带着读者跟你一起分析数据。

最重要的是，有视觉层次的图表容易读懂，能把读者引向关注焦点。相反，扁平图则缺少流动感，读者难以理解，更难进行细致研究。这肯定不是你想要的结果。

## 增强图表的可读性

作家用词汇描述其笔下的世界以及人物间的互动，他们可以用这种抽象的方式使读者想象出发生了什么。糟糕的描述和人物发展的缺失将使读者难以理解隐蔽的线索。如果读者不能建立起点与点之间的联系并且理解作者想要描述的东西，那词汇就失去了意义。

同样，用视觉线索编码数据，你或其他人就需要解码形状和颜色以得出见解，或理解图形所表达的内容，如图5—6所示。如果你没有清楚地描述数据，画出可读性强的数据图，颜色和形状就失去了其价值。图形和相关数据间的联系若被切断，结果就变成了一个几何图而已。

图 5—5　拉里·戈尔姆勒的"电影的历史"（2012）

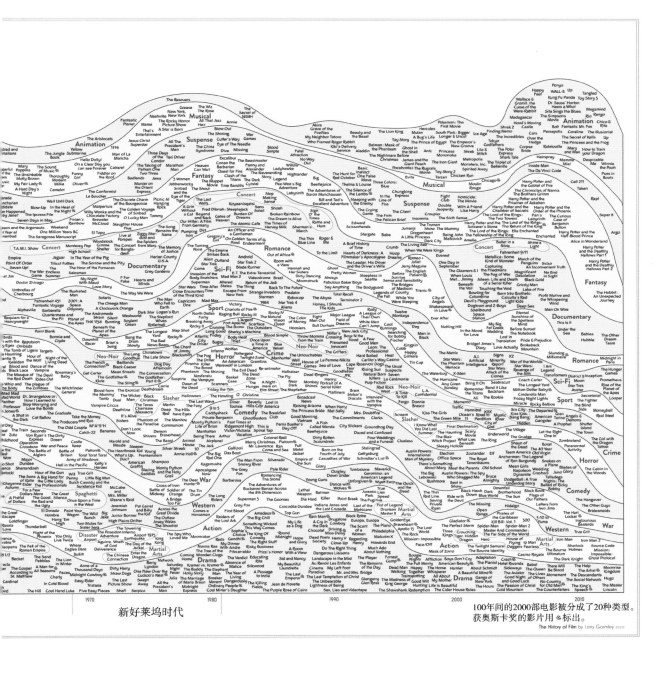

新好莱坞时代

100年间的2000部电影被分成了20种类型。
获奥斯卡奖的影片用 ⊛ 标出。

The History of Film by Larry Gormley ©2012

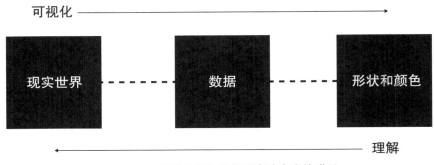

图 5—6　　视觉暗示和数据所表达内容的联系

相反，你必须维护好视觉暗示和数据之间的纽带，因为是数据连接着图形和现实世界。图形的可读性很关键。你可以对数据进行比较，思考数据的背景信息及其所表达的内容，并组织好形状、颜色及其周围的空间，使图表更加清楚。

## 允许数据点之间进行比较

允许数据点之间进行比较是数据可视化的主要目标。在表格中，我们只能逐个对数据进行比较，而把数据放到视觉环境中就可以看出一个数值和其他数值的关联有多大，所有数据点是如何彼此相关的。可视化作为更好地理解数据的一种方式，如果不能满足这个基本需求，那它就没有价值了。即便你只想表明这些数值都是相等的，允许进行比较并得出结论仍然很关键。

传统的图表，比如你在这本书里看到的条形图、折线图和点阵图，它们都设计得让数据点的比较尽可能直接和明显。它们把数据抽象成了基本的几何图形，可以比较长度、方向和位置。如图 5—7 所示，你通过一些微妙的变化就可以让图表更难读或易读。

在第 3 章中我们已经介绍了怎样用面积作视觉暗示。用面积来表示数值，不是用半径长度和边长来判断气泡、方块等图形的大小，而是用总面积。实际上，图形的大小取决于人们怎样用图形来诠释数据。

然而，你也要记住，与位置或长度相比，分辨出二维图形间的细微差异会更困难。当然，这并不是说不能用面积作视觉暗示。相反，当数值间存在指数级差异时面积就大有用武之地了。如果细微的差别很重要，就得用其他的视觉暗示了，比如位置或长度。

难以比较　　　　　　　　　　易于比较

色阶范围小　　　　　　　　　色阶范围广

颜色看上去像被水冲刷
过，图案也不明显

对比度更大，使
方格图案很明显

VS.

只显示数据点　　　　　　　加一些视觉要素

横向浏览时很难
比较它们的位置

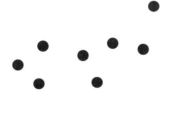

VS.

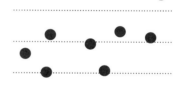

增加直线，使
比较更容易

用面积作视觉暗示　　　　　用长度作视觉暗示

虽然面积有其优点，但
很难看出细微的差异

VS.

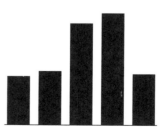

不需要做平方根变
换就能很容易看出
细微的差异

图 5—7　　允许比较

例如，图 5—8 显示了一些无脊椎动物和脊椎动物。左边的条形图和右边的气泡图显示了同样的数据。因为昆虫种类远远多于脊椎动物，所以代表脊椎动物的条形图非常短，几乎看不到。代表珊瑚的条形图也是这样。

另一方面，气泡图把大数据和小数据放在同一个空间里，不能像条形图一样直观、精确地比较数值。但是就这个例子而言，条形图也不能很好地进行比较。这里还需要一些权衡。

如图 5—9，这张图绘于 1912 年泰坦尼克号撞上冰山沉没于大西洋后，它用常见的地理背景显示信息。

**小贴士：** 面积使得数据看上去更具体、和现实世界相关性更强，因为实物总是占据着一定空间。在屏幕上和纸上，圆形和方形比点占用的空间更多，视觉暗示和现实世界间的抽象也就更少一些。

从上到下，每一层代表不同时期穿越大西洋需要的时间。从 17 世纪乘船需要 40 天，到泰坦尼克号航行于的 4 天，再到当时尚未实现的乘飞机只要 1 天。希望你能飞跃大西洋! 网格线划分不同的交通工具，给出了预计的旅程时间。网格也能增强传统图表的可读性，因为它们规定了间隔，也反映了标尺。

引入颜色作为视觉暗示，还有一些其他需要考虑的因素。例如，你知道色盲人群看到的红色和绿色是怎样的，如果用相同饱和度的红色和绿色，对色盲人群来说这两种颜色是一样的。颜色选项也会根据所用的色阶和表达的内容而改变。如图 5—10 有三种主要的色阶，每一种都有其变体。

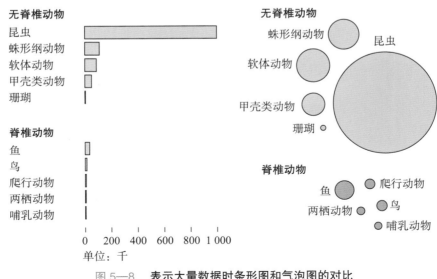

图 5—8　表示大量数据时条形图和气泡图的对比

图 5—9　不同时期穿越大西洋所需时间图示
注：希德·特比（Sid Treeby）于 1912 年绘制

## 连续色阶

使用相同或相近的色调，变化的只是饱和度。

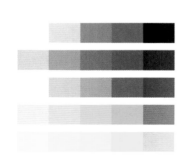

## 发散色阶

使用两种色调以区分差异，比如正数和负数。

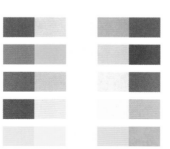

## 定性色阶

对于非数字数据，各分类使用对比色。

图 5—10　　**色阶选项**

连续色阶用来表示没有分隔需求的单一变量（比如正数和负数）。深色一般表示较高的值，浅色表示较低的值。基本上就是选择一个饱和色调，然后一点点减少饱和度形成色阶。图 5—10 中的连续色阶，最右边是饱和色调，向左饱和度递减。

如果数据有着自然、清晰的分割，比如增加和减少，或者有两种不同的政治倾向，你可以用发散色阶。它就像两个或多个连续色阶的组合，相互之间的分隔表示中性值，比如零点的变化或者政治施舍的平衡。

如果数据是分类的或者非数字的,定性色阶就很有用了。每一种颜色可以代表一个分类，深浅不一的颜色达到了视觉分离的效果。

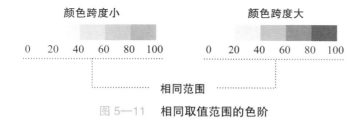

图 5—11　**相同取值范围的色阶**

无需考虑色阶种类，色调和饱和度可以任意变化，以便你可以看出差异。颜色深浅相近，就很难进行对比。颜色跨度小，会限制不同深浅颜色之间的差异，如图 5—11 中的左图。而右图的颜色跨度大，就很容易看出差别。反之亦然，颜色跨度太大的话，会夸大实际差异，而如果你没有注意到数据的背景信息，就会把不那么显著的东西表现得很突出。

图 5—12 中的图类似于直角坐标系。垂直轴上两个刻度间距很小，但由于数值的跨度也很小，所以直线位置的变化看上去就很明显。

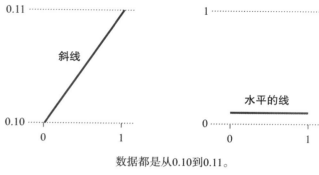

数据都是从0.10到0.11。

图 5—12　直角坐标系放大

有时候这样做是有意义的，而有时候这种放大则会夸大事实。一个经验法则是，让视觉上的变化和现实世界中的变化相匹配，同时一如既往地公正地表达数据，让读者可以公正地做比较。

## 描述背景信息

背景信息能帮助读者更好地理解可视化数据。它能提供一种直观的印象，并且增强抽象的几何图形及颜色与现实世界的联系。你可以通过图表周围的文字引入背景信息，例如在报告或者新闻报道中；你也可以用视觉暗示和设计元素把背景信息融入到可视化图表中。

如图 5—13，斯蒂芬·冯·沃利（Stephen Von Worley）在绘儿乐[①]蜡笔谱图中展示了颜色种类的增加。1903 年，绘儿乐品牌第一支蜡笔问世的时候，只有 8 种颜色。多年来，绘儿乐延续并开发了已有色调中的其他颜色。到 2010 年已经有 120 种颜色了。比如，除了红色，还有棕橘红色，砖红色，红褐色，紫褐色，橙红色，橘红色，紫红色，西瓜红，亮紫红色，华丽色，糊涂红，和猩红色。

用真实的颜色来表现每一年所有的不同的色调，以此显示出多样性的增加，这样做是有意义的。如果换成灰度模式，就需要给每个颜色加上标签，很快，到1949 年时就会乱成一片，无法看清。

通常，视觉暗示的选择会随着你对图表的期望而变化。不能达到预期效果的图表只会困扰读者。（当然，我是从设计的角度来看，而非数据的角度。意外显示出的趋势、模式和离群值总是受欢迎的。）

小贴士： 基于数据的背景信息选择几何图形和颜色，软件的默认选项很少会是最佳选择

① 绘儿乐（Crayola LLC，前身是 Binny & Smith），是美国著名的文化用品公司，以蜡笔产品著称。——译者注

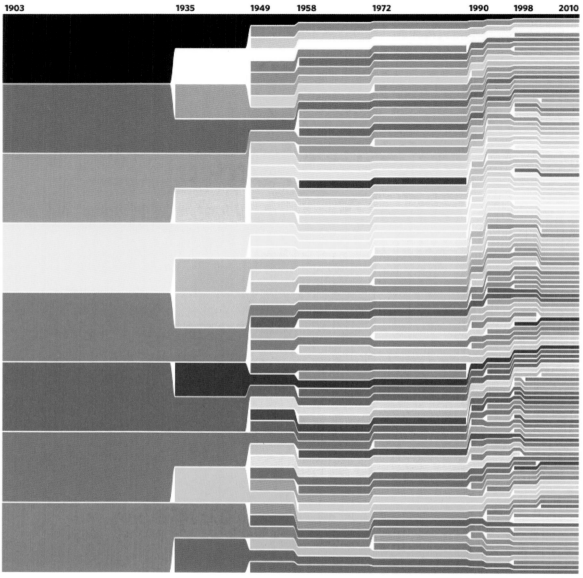

图5—13  1903年—2010 年"绘儿乐色彩图"（2010）

资料来源：https://bit.ly/1f9sqMI。

举例来说，美国是一个两党制国家，有民主党和共和党。蓝色代表民主党，红色代表共和党，因此图 5—14 中的地图反映了政党的颜色。翻转两种颜色，比例不会变，但是因为大家已经习惯了原先的政党颜色，会使读者误以为巴拉克·奥巴马赢得了中西部地区和东南区的支持，而米特·罗姆尼（Mitt Romney）则得到了西部地区和东北地区的支持。

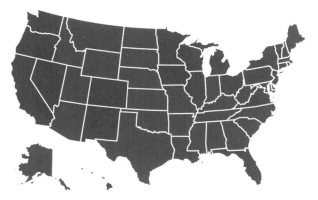

**2012年美国总统大选结果**

■ 巴拉克·奥巴马  ■ 米特·罗姆尼

图 5—14　　**预期的颜色**

图 5—15 显示了电影评论网站"烂番茄"（Rotten Tomatoes）上一些三部曲电影的评分。该网站用一个鲜红的番茄表示正面评论超过 60% 的电影，意即"新鲜的"；反之，用一个被砸烂的绿番茄表示正面评价低于 60% 的电影，意为"腐烂的"。该图采用烂番茄网站的颜色方案，一眼就可以看出哪些电影是"新鲜的"，哪些是"腐烂的"。每个条形的长度更精确地表示出了评分值。

背景信息同样可以影响到几何图形的选择。例如，美国劳工统计局每个月会发布关于失业和就业的人数估计。图 5—16 显示了从 2008 年 2 月到 2010 年 2 月间的失业人数情况。在这段时间里，每个月的失业人数高于就业人数。条形越长，表明那个月的失业人数越多。

图中全是正数值，这本身是合情合理的，但要考虑这个图通常出现在什么样的场合。人们期望看到正数方向表示就业，负数方向表示失业。然而，图 5—17 的坐标系中用负数方向表示失业，负的失业数也就是新增就业机会数。所以，像图 5—17 那样用负值来表示失业更直观。那些否定的事情，用下降来表示减少更合理。而另一方面，当目标就是减轻体重时，体重的降低标在坐标轴的正向一侧效果会更好。

数据之美：一本书学会可视化设计

## 三部曲：不错的开始，糟糕的结尾

电影评论网站"烂番茄"上，正面评论超过 60%，会被认为是"新鲜的"，否则就是"腐烂的"。

续集和结局往往表现一般。

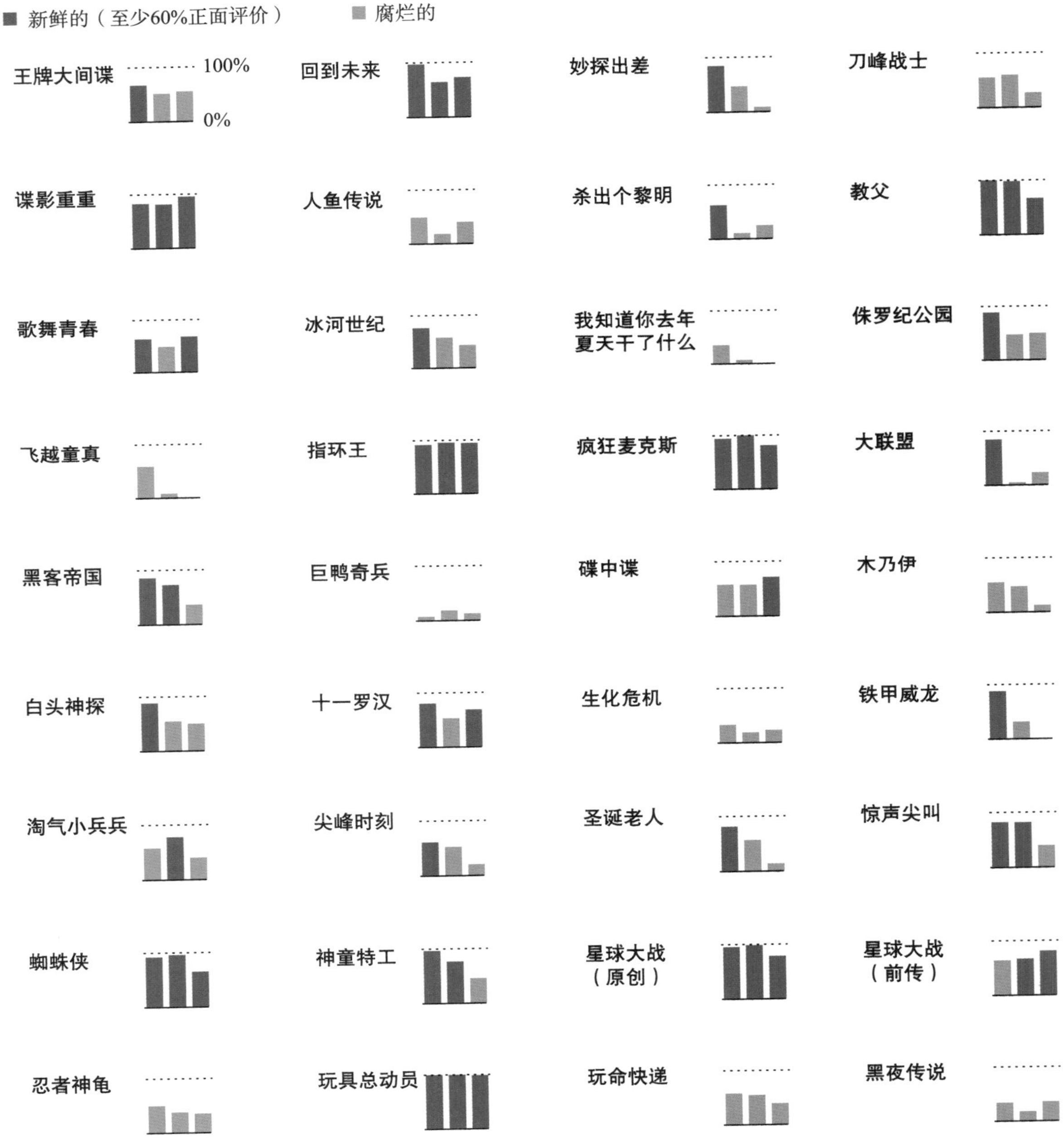

■ 新鲜的（至少60%正面评价）　　■ 腐烂的

图 5—15　数据的来源决定了其颜色

206

**失业人数**
单位：千

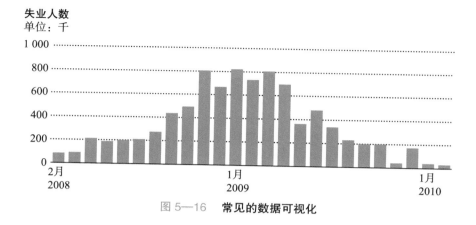

图 5—16　**常见的数据可视化**

**失业人数**
单位：千

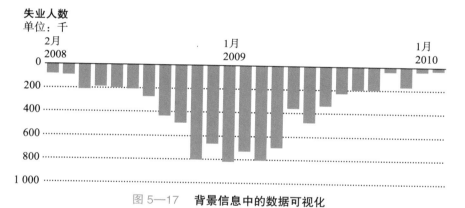

图 5—17　**背景信息中的数据可视化**

## 留白

　　混乱是可读性的大敌。大量的图形和单词挤在一起，会让一幅图看起来混乱不清。而在它们中间留一些留白往往会使图表变得容易阅读。在一张图中可以用留白来分隔图形，你也可以用留白划出多个图表，形成模块化。留白会让可视化图表易于浏览和分阶段处理。

　　图 5—18 显示了一些等距的长方形，看上去像是在同一组里。接下来几幅图则用留白和其他元素来分隔长方形，比如线条和对比色。留白意味着分组，你应该时刻牢记，如果不需要划分视觉元素，就不要用留白。

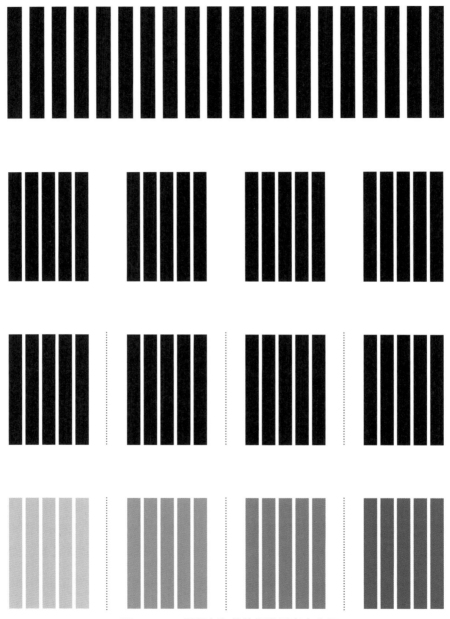

图 5—18 用留白和其他视觉元素来分组

你很容易就能明白实践中留白是如何起作用的。把图 5—15 中的标签和小图表的间隔缩小，就得到了图 5—19。虽然通过位置还是可以看出哪个条形图对应哪个标签，但已不如图 5—15 中那么清楚了。

同样的事情也会在你不想显示特定分组时发生。图 5—20 是第 1 章中出现过的地图，显示了在美国发生的致命车祸分布情况。在图 5—20 中，上图用小圆点代表每一次车祸，而下图则用大圆点表示。

因为上图中用的是小圆点，你可以很容易看出公路和城市中心的模式。圆点间的留白显示出没有路以及很少有车经过的地方。没有数据的地方和有数据的地方一样重要。然而，下图中的大圆点相对于整个国家的面积以及所选时间段里车祸的数量来说确实太大了些，几乎没有留白。公路和城市中心被数据点盖住，只能看到国家的边界。没有足够的留白，可视化图形就几乎没有用。

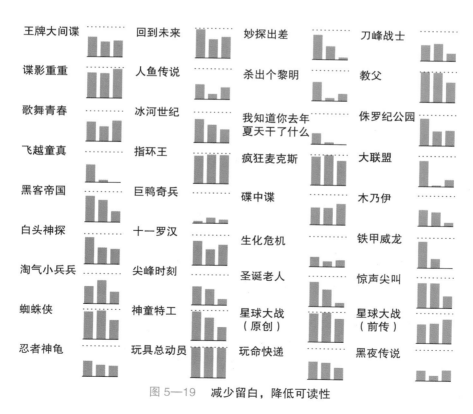

图 5—19　减少留白，降低可读性

图 5—20　数据点之间有无留白的对比

过多的留白也会干扰图中的主要元素。图
5—21 中的条形间隔和条形宽度相等。单独看
那些条形，很容易可以看到灰色条形间的间
隔，但如果把它们作为一个整体来看，会让人
感到灰色和白色之间有一种视觉上的振动，使
整幅图看上去模糊不清。等距留白会让你的大
脑感到困惑，让人搞不清重点是什么。

图 5—21　　等距留白带来的视觉振动

减少留白间距，增加条形的宽度，整张图
看上去就没有那么模糊了，如图 5—22 所示。
这幅图重点突出，中间细细的留白将条形分隔
开来。

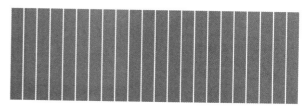

图 5—22　　细细的留白突出重点

反过来也可以，如图 5—23 所示，条形很
细而留白相对较大。之前我们提到过，允许形
状和颜色进行比较，对比是关键。

留白和主要元素间的差异越小，可视化图
形就越不清楚。要试着找到合适的平衡。

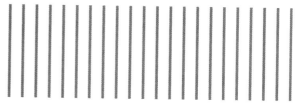

图 5—23　　用条形宽度和留白的对比减少视觉振动

# 高亮显示重点内容

可视化图表具有可读性，能帮助人们理解数据，并总结出数据表达的内容。在报告中嵌
入图表，或给图表配上文字说明，可以详细地解释结论。然而，把可视化图形从报告中抽出来，
或者断开它和提供背景信息的文本间的联系（人们在互联网上分享图片时经常会这样做），
数据可能就会失去它的含义。更糟糕的是，其他人可能会曲解你想表达的内容。

高亮显示可以引导读者在茫茫数据中一下子就能看到重点。它既可以加深人们对已看到
东西的印象，也可以让人们关注到那些应该注意的东西。

要把读者的视觉注意力吸引到数据点上来，只需要像日常生活中所做的那样，突出重点。
尤如说话要大声一点，可视化图表要弄得亮一点。编辑可视化图形中的数据点或区域使之有

别于其他，时时牢记数据、视觉暗示和可读性。用明亮大胆的颜色，画出边框，把线加粗，引入能让关注点看上去不一样的视觉元素。

举例来说，图 5—24 展示了如何用颜色高亮显示特定的数据点。大部分形状都是用中性颜色，而关注点则用紫色，让人一下子就注意到了突出的部分。

图 5—24　**用颜色高亮显示的示例**

可视化时序数据时，你可能会注意具体的年份。如图 5—25 所示，正如你知道的，美国人很喜欢大胃王比赛，在康尼岛举办的一年一度的吃热狗比赛是所有比赛中最重要的。条形图的顶端显示了每年获胜者吃掉的热狗数量。你可以高亮显示打破世界纪录的那些年份，或者某人获胜的那些年份，使之成为突出的焦点。

更重要的是，图 5—26 把第 2 章中提到的全球平均寿命图按地理区域进行了分类。每条时序线表示一个国家。该图显示了所有能获得相关数据的国家，而关注的焦点则是每一个地区。图中高亮显示了当前关注的地区，使之成为前景，其他地区则用淡灰色，成为背景，保持直观的印象。

高亮显示关注焦点，会使其在视觉上更为突出。你可以提高兴趣点的视觉层次或降低其他部分的层次，把兴趣点置于更高层。同一层次上的视觉元素受关注度是一样的。

例如，图 5—27 显示了领跑票房的电影在 iTunes，美国亚马逊，Vudu 和基于订阅的奈飞这些流媒体租赁服务上的供应情况，以 DVD 的供应情况作为参考。兴趣点是供应情况，因此用明亮的颜色在视觉层次中加以突出，而其他部分则用中性的颜色降低其层次。更具体地说，黄色高亮的矩形表示可以通过某种服务获得的电影，空白矩形表示不可获得，灰色矩形则表示只能通过购买获得的电影。

图表的焦点很容易改变，如图 5—28 所示。你可以用明亮的颜色显示不可获得的电影，或者用相同亮度的色调使重点不再突出。颜色选的不好也会产生误解，图 5—28 看上去好像奈飞拥有最多的电影资源，即使图例表明情况正好相反。

高亮显示的内容并非总是位于最前面或图表的中心位置，也可以把它放在背景上，如图5—29所示。在图中，失业人数的时序数据仍是焦点，但是灰色条形高亮显示出了经济衰退期，这样就给原来的基础数据集提供了更多的信息。

然而，无论高亮显示适合哪个层次，都要确保新的视觉暗示不会和已有的视觉暗示相冲突。如果已有一个条形图用长度作为视觉暗示，显然就不要再高亮显示长度了。如果是一个散点图呢？不要高亮显示位置。热区图呢？用调色板里的颜色显示高亮，但不要增加新的颜色来改变视觉模式。

### 打破吃热狗的世界纪录

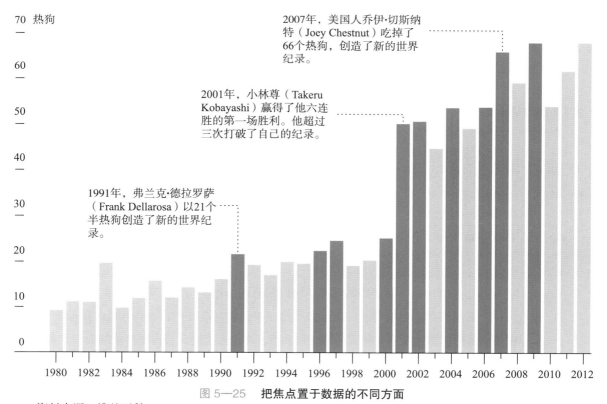

图 5—25　把焦点置于数据的不同方面

资料来源：维基百科

### 增长的平均寿命

根据世界银行的数据，过去几十年中，全球人口的平均寿命稳步上升。然而，正如我们在某些地区看到的，战争和经济动荡会造成人口数量突然的下降。

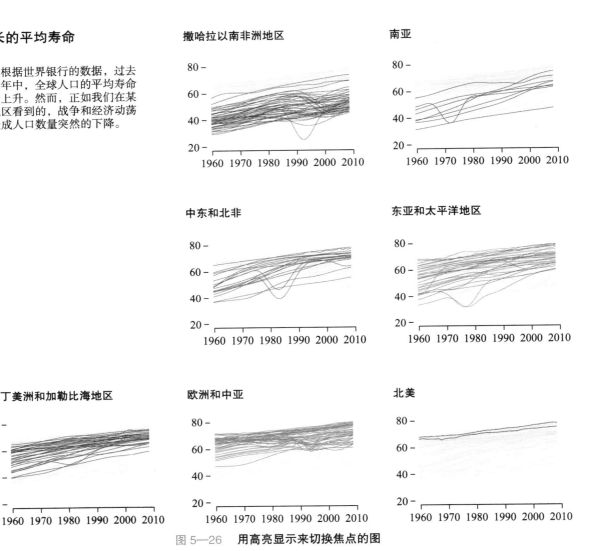

图 5—26　用高亮显示来切换焦点的图

问问自己人们是如何通过形状和颜色解码信息的，不要设置障碍。例如，图 5—30 的左边是一幅没有高亮显示的条形图，而右边则是一些失败的高亮尝试。为什么？条形图是用长度作视觉暗示的，因此增加长度就会改变其数值，而改变宽度又会占用更多的面积。实际上，条形图是用面积来编码数据的，只不过因为宽度保持不变，才通过条形高度来解码数值。最右边的图中，位置上移并没有改变数值，反而让图表变得更难读懂。

**小贴士：** 这些冲突的视觉暗示都在条形图的背景信息中，你必须基于背景信息和编码的数据方式来考虑这些冲突。

## 在线电影票房

**2011年的前50名**

在线电影越来越普遍，但是受欢迎的电影资源还是很少，尤其是在基于订阅服务的奈飞上。

- ■ 可获得
- □ 不可获得
- □ 只能购买

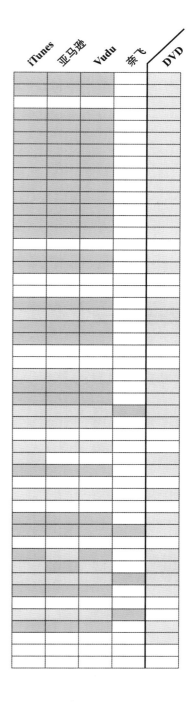

1. 哈利波特与死亡圣器（下）
2. 变形金刚3
3. 暮光之城：破晓1
4. 宿醉2
5. 加勒比海盗：惊涛怪浪
6. 速度与激情
7. 汽车总动员2
8. 雷神
9. 人猿星球
10. 美国队长
11. 帮助
12. 最爆伴娘团
13. 功夫熊猫2
14. X战警：第一战
15. 穿靴子的猫
16. 里约大冒险
17. 蓝精灵
18. 碟中谍：鬼影行动
19. 大侦探福尔摩斯2：鬼影游戏
20. 超级八
21. 兰戈
22. 恶老板
23. 绿灯侠
24. 拯救小兔
25. 鬼影实录3
26. 随波逐流
27. 坏老师
28. 牛仔和外星人
29. 吉诺密欧与朱利叶
30. 青蜂侠
31. 鼠来宝了
32. 狮子王（3D）
33. 铁甲钢拳
34. 疯狂愚蠢的爱
35. 木偶总动员
36. 洛杉矶之战
37. 惊天战神
38. 动物管理员
39. 药命效应
40. 高楼大劫案
41. 传染病
42. 点球成金
43. 贾斯汀：比伯之永不言败
44. 海豚的故事
45. 杰克和吉尔
46. 不求回报
47. 波普先生的企鹅
48. 未知
49. 联邦检察院
50. 快乐的大脚

图 5—27　**高亮显示主题**

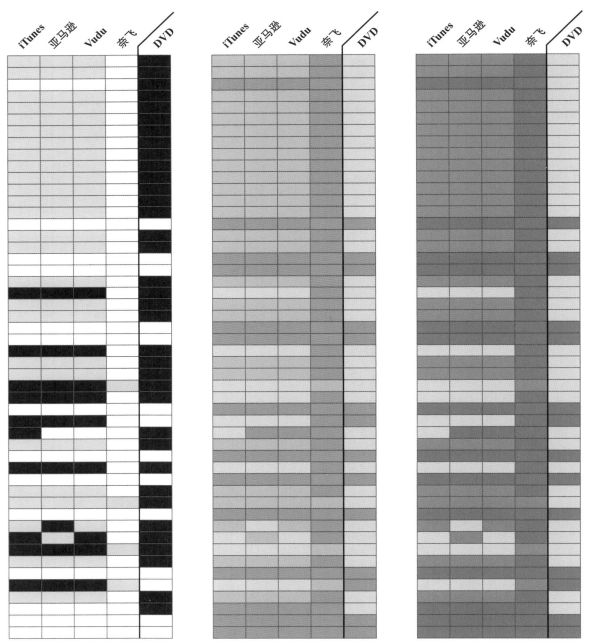

图 5—28　选择不同的颜色改变视觉层次

失业率

图 5—29    在背景上高亮显示的图

与此相反，图 5—31 显示了用条形图里没有的视觉暗示来高亮显示。颜色、边框和指针把关注焦点引到了读者感兴趣的地方，但又没有改变整体的视觉模式。

**小贴士：** 要用未使用过的视觉暗示来高亮显示。否则你就会改变感知模式，让可视化图表变得难以理解。

## 注解可视化表达了什么

高亮显示并不总是有很明显的原因，尤其是读者对数据不熟悉时。（大多数时候，他们都是不熟悉的。）注解有助于清楚地解释可视化表达了什么。哪个点是离群的？这个趋势意味着什么？这些都留给图形之外的文字来表述了。当你在图形中加入注解作为额外的信息层时，可视化图表会把它封装进来一起发挥作用。

### 解释数据

如同到目前为止所讨论的一切，注解也有视觉层次。它也有标题、子标题、二级子标题和说明性文字。如图 5—32 所示，大小、颜色和位置决定了注解能得到多少关注。

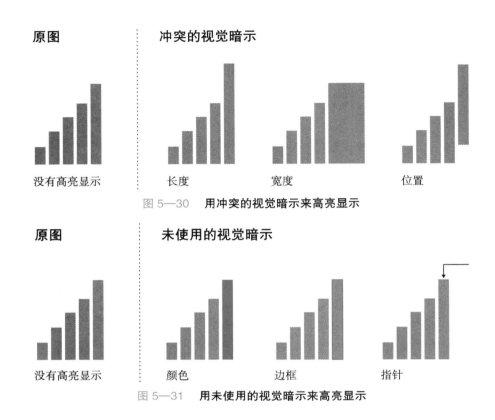

图 5—30　用冲突的视觉暗示来高亮显示

图 5—31　用未使用的视觉暗示来高亮显示

### 标题描述研究结果

介绍文字可以更详细地解释数据所表达的内容、它的来源以及你应该关注什么。

图 5—32　图表的注解

标题通常用更大更粗的字体，来描述人们应该关注什么。如果标题字体太小，和其他内容混在一起，人们很可能会跳过它去看其他内容。描述性的标题会很有用。例如，"上升的油价"比"油价"的信息量大。前者快速地给出了一个结论，读者可以查看图表加以确认，并了解更多的细节。后者则把数据的解读交给给了读者，把读者放到了研究者的位置上，不过也许这就是你的目的。总之，要根据需要来进行描述。

和标题一样，介绍文字会告诉读者图表表达的内容，只不过比标题更详细。一般来说，介绍文字的字体比标题小，是把标题的内容展开进行描述，比如它会告诉你数据的来源，如何获得以及数据的含义是什么等。这些信息主要是为了帮助人们更好地理解数据，通常并不直接指向具体的视觉元素。

要解释具体的点和区域，你可以在图中用线或者箭头加上注解说明。把描述直接放到数据的背景信息中，读者不用到图表以外去寻找更多的信息也能很好地理解它了。

以图5—4中的散点图为例，除了高亮显示的数据点之外，还增加了注解，如图5—33所示。黑色圆点高亮显示出了特定球员，对于得分最低、使用率也最低的德萨盖纳·迪奥普（DeSagana Diop）和得分最高、使用率也最高的德怀恩·韦德（Dwyane Wade），用线把对他们的注解和代表他们的圆点连了起来。代表威尔·拜纳姆（Will Bynum）的那个点，有点远离整体趋势，也被高亮显示并加上了注解。还有一条线一端指向整体趋势线，另一端则是解释使用率含义的注解，大多数人都不清楚它的意思。

好注解的关键在于对图表的解释和高亮要与数据（以及读者）联系起来。举例来说，对趋势线的解释可能是："在场均得分和使用率存在正相关。"这是对的，但是一般的统计描述和数据背景信息是不相关的。同样，你可以把德怀恩·韦德描述为场均得分和使用率都是最高的那个球员，但如果只是把他写成一个球员呢？有时一点点微妙的改变就会大大降低或提高图表可读性。

### 统计学概念的解释

如果大部分读者都不熟悉统计学概念，可以作注解解释一下，以帮助他们了解相关概念。前面那张篮球运动员散点图中的描述就是一个例子。图中不仅只高亮出了德怀恩·韦德、德萨盖纳·迪奥普和威尔·拜纳姆这几名球员的数据点，同时也解释了直角坐标系中偏远的位置，也就是一些离群点表示什么，读者可以推测中间的位置代表什么。图中还有对趋势线的相关描述。

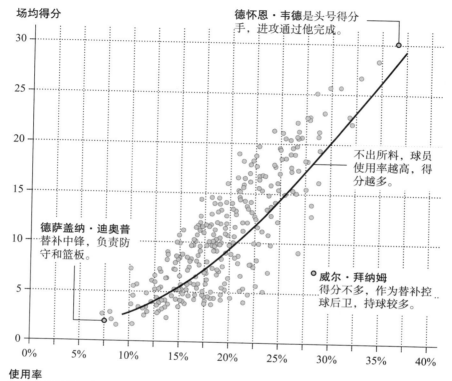

场均得分

德怀恩·韦德是头号得分手，进攻通过他完成。

不出所料，球员使用率越高，得分越多。

德萨盖纳·迪奥普替补中锋，负责防守和篮板。

威尔·拜纳姆得分不多，作为替补控球后卫，持球较多。

使用率
这是对球员使用全队球权（进攻次数）的估计。

图 5—33　增加注释散点图中增加注解

图 5—34 是另一幅散点图，它关注美国收入的性别差异，依据是劳工统计局的平均工资统计数据。每一个点表示一个职业，水平轴表示男性的平均工资，垂直轴表示女性的平均工资。

没有注解，但能清楚看出两者间有一个意料中的上升趋势。男性收入越高的职业，女性收入也越高。仔细看，你会发现数据点趋向于水平轴，这意味着同样的职业，男性收入高于女性。

图 5—35 加入了注解，所以收入差异看得更清楚了。中间的斜线表示相同职业收入相同，也作了标注。斜线下方的点表示男性收入高于女性的职业，斜线上方的点表示同一职业女性

收入更高。这两个区域也有注解。电脑支持专家是这个数据集中唯一一个女性收入高于男性的职业。注解解释了如何阅读散点图，以及数据表达了什么。当然，很多人知道应该如何阅读散点图，并能理解两个变量间的关系，但也有很多人不会。表达清楚没有什么坏处。

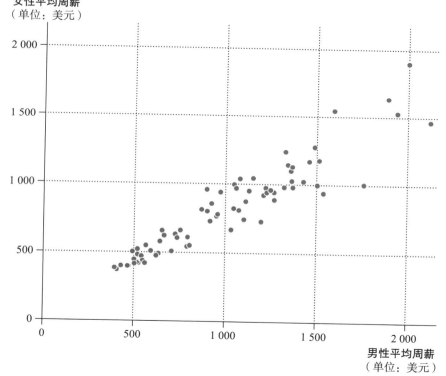

**2011年收入的性别差异**

图 5—34　　**没有注解的散点图**

资料来源：美国劳工统计局

分布是另一个理解起来有点难度的概念。人们必须理解欹斜、平均数、中位数和变异这些概念，所有的观察结果在可视化时都汇集到了一个连续的数值标尺上。

举例来说，人们通常把柱状图的数值轴解释为时间，而垂直轴上的计数或刻度密度则是某种关注的度量。这会导致阅读者产生困惑，所以全面解释分布的各方面是很有用的。

在第 4 章中，你已经看到过航班延误的分布情况图。图 5—36 显示了西南航空公司航班的延误分布情况。负值表示航班提前到达，正数表示延误。零延误表示准时到达。

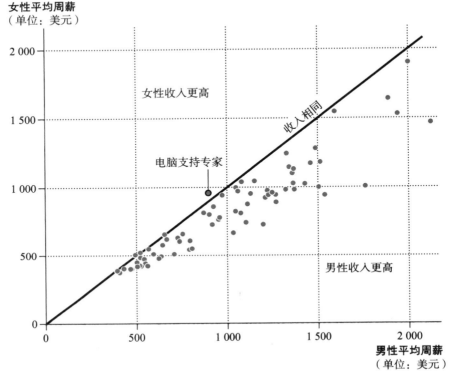

图 5—35　**有注解的散点图**
资料来源：美国劳工统计局

只需在柱状图中加入注解就能使图表更清晰，如图 5—37 所示。避免使用专业术语，就要在数据的背景信息中进行解释。

**小贴士**：把你的可视化图表拿给人们看，看他们是怎样理解的。如果他们感到困惑，那就解释清楚。

最后，你必须考虑读者可能会理解什么、不理解什么，基于此来做注解。单变量、时间序列和空间数据比较容易理解，因为它们往往比多变量或复杂的关系要直观。

## 排版的尝试

已经有很多问卷调查涉及什么是最适合可视化的字体，有很多种选择，很难达成一致意

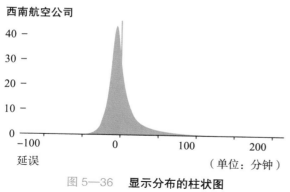

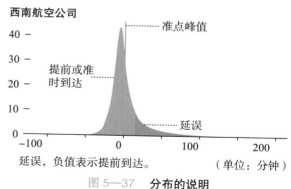

图 5—36　**显示分布的柱状图**

图 5—37　**分布的说明**

见。这可能是因为对字体的喜好属于个人偏好。无论如何，抛开软件的默认设置，怎么美观考察适合标签和注解的不同字型是值得的。默认字型一般都很普通，不怎么美观。

　　在一些极端情况下，字体选择的影响是非常明显的。图 5—38 显示了同一幅图配上不同的字体后，每幅图的可读性和给人的感觉产生了变化。例如，无衬线字体 Helvetica 因其著名的中性外观多用在事实陈述上，而 Comic Sans 字体已经发展成模因 (meme)[①] 以及一种避免被严肃对待的方式。衬线字体，如 Baskerville 字体和 Palatino 字体则让人联想起老式图表。你可能要在实际使用中避开 Wingdings 字体。

> **小贴士：** 字体（typeface）是文字的一种设计，如 Helvetica 字体和 Baskerville 字体，还涉及字母的外观。字型（font）是字体的规格，譬如 10 号粗体 Baskerville 字体。

　　然而，关于个人喜好还有很多事情可以尝试。你要不停地实验看自己喜欢什么，尤其是现在用计算机软件做起来很容易。记住视觉层次。标题通常要在视觉上脱颖而出，因此要用大号粗体字，而刻度标签通常不需要太多的关注，所以字体相对小一些，只要能看清就可以了。后者通常用无衬线字体更好，因为衬线字体有太多装饰，文字在很小的空间里很难看清。当然，这些并不是死规定。

## 从不同角度做一些计算

　　获得数据之后，第一步自然就是直接可视化。不过在此之后从不同的角度做一些计算是

---

① 模因，也称为米姆，现在是一种流行的、以衍生方式复制传播的互联网文化基因。——译者注

有帮助的，它可以帮你把焦点切换到数据中更有趣的地方，避免读者在理解图表时做无谓的猜测。

举例来说，汇总统计（summary statistics），比如平均数或中位数，可作为快速参考点或者提供一种直观的印象。图 5—39 显示了每个州的暴力犯罪率，根据是否超过全国平均值来上色。在这个例子中，犯罪率的分布并不复杂，但它可以给你一个大致印象，知道相对于全国平均值来说每个州都处于什么位置。

还有一个额外的步骤，就是你可以基于参考点把数据变化一下，而不是仅仅显示在原始数据的背景信息中。图 5—40 我们之前见过，相对于全美平均值的全球油价。绿色表示油价

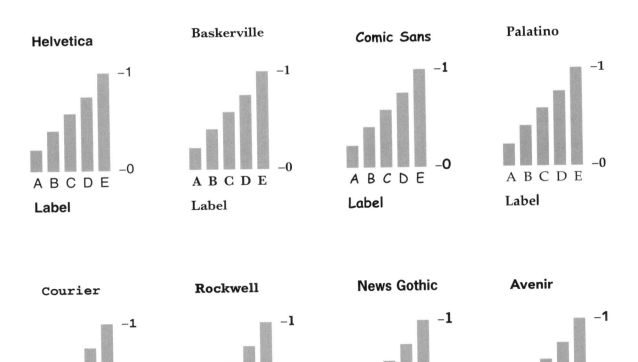

图 5—38　尝试各种字型

## 2011年的暴力犯罪率

全国犯罪率比2010年降低4.5%。下图按州进行分类。

全国平均值是每100 000人中有386名暴力罪犯。

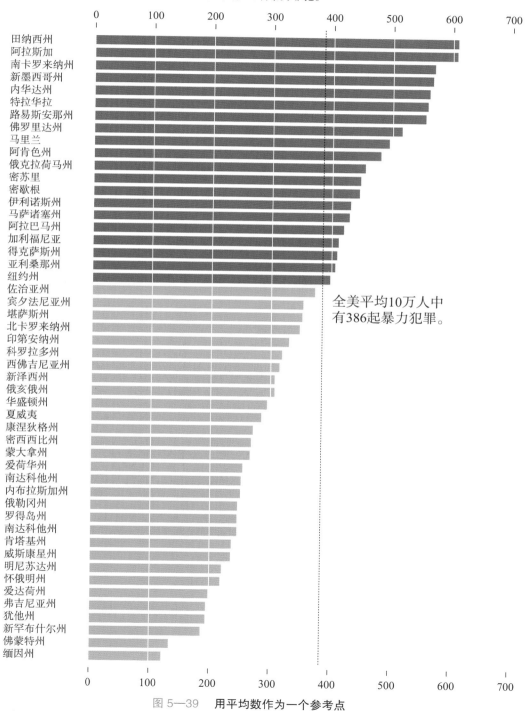

全美平均10万人中有386起暴力犯罪。

图 5—39　用平均数作为一个参考点

资料来源：美国联邦调查局

**美国和全球油价对比**

美国人通常觉得美国的加油站里1加仑汽油的平均价格是高的，但跟世界
其他国家相比，其实是相对较低的。

与美国价格差异的百分比
（每加仑3.14美元）

价格较高
- 100 或以上
- 50 to 99
- 0 to 49

美国

价格较低
- −1 to −49
- −50 to −100

无信息

图 5—40　**基于参考点变化数据**

资料来源：维基百科

更低的国家，紫色表示价格更高的国家。这两幅地图显示了同样的数据，但是通过减法和分区讲述了不同的故事。前一幅图聚焦于全球范围内的价格比较，而这幅地图则从简单的视角为读者提供了相同的数据。

图 5—29 那幅显示以往失业率的图呢？也许相对于每个月的失业率，你对失业率的年度变化更感兴趣。正如图 5—41 所示，图中每一个年度失业率比例都是扣除上一年度失业率比例而得来的数据。

你也可以换个方向，把数值相加，如图 5—42 所示。图中的阶梯表显示了一年中按月累计的电缆成本，和 Hulu Plus 以及奈飞适中的价格进行对比。尾端的总计表示如果你换用后者，一年下来总共能节省多少费用。

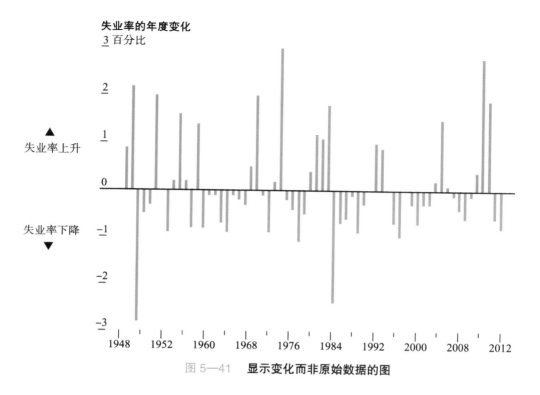

图 5—41　显示变化而非原始数据的图

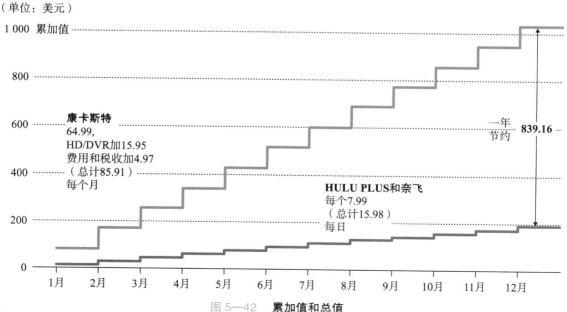

图 5—42　累加值和总值

简单的数学计算可以帮助你从不同的角度查看数据，或突出图表的重点。当然，统计学知识越多，就越能很好地处理和分析数据，反过来这又能引出更多的信息图形。你要考虑到人们是如何理解图表的，他们是否不得不心算才能得出结论。为读者做好数学计算，把结果形象地表现出来是值得的。

## 小结

因为是研究自己的数据，会有一些自由空间。如果你希望纯粹基于图表得到一些可操作的见解，那就必须确保观察的东西是正确的。你一定不想因为错误地可视化数据而做出糟糕的决定。

警告：转换多数据集的时候，要确保数据是可比较的。要问自己，它们的来源是相同的吗？获取数据使用的方法一样吗？评估的不确定程度有多高？如果这些都不确定，你应该查明并解决这些问题，因为错误的计算会导致错误的结论。

同样，当你把图表展示给别人，公开给世界各地那些会根据你的图表做出各自决定的人们时，正确显示数据是你的责任。你要区分视觉元素，高亮显示重点，加上注解解释并描述数据。

当然，就像你在第 2 章里看到的，可视化作为一种媒介应用广泛。高亮显示多少，向读者解释到什么程度，显示什么都取决于你想表达的东西以及面向的对象。

第6章

# 别忘了，你是为读者进行可视化设计

许多人都有这样的经历，他们探索数据可视化，并制作了简明清晰的图表，但在展示结果的时候，却没有采取额外的步骤与大量读者进行交流。相反，他们只是截屏或者用软件输出原始图片，然后把它们放入报告中，或发布到网上。

只有在读者和你理解数据的方式一样时，这样做才行得通。如果真是这样就好了，如果不是呢？读者不知道数据集的背景，也没有和你一样的专业技术，那他们和你的理解方式肯定是不一样的。

在设计可视化图表时，你必须考虑读者知道什么，不知道什么，以及你想要他们知道什么。他们会怎么读你的图？会怎样理解你的数据？

## 可视化时常见的错误

在详细讲解前，最好为广大读者澄清一下关于数据图表设计的常见误解。有很多书和文章出于各种目的，向我们推荐了一些屡试不爽的准则，但这些"准则"经常相互矛盾。这让人们感到很困惑。在这里有必要先澄清一下，然后重新开始。

### 新颖的图表

有些可视化类型几十年前就出现了。想想条形图、饼图、散点图和其他常用的图，人们习惯于通过这些传统的图表阅读数据，但有些人认为这是缺点。传统的东西怎么能抓住读者的眼球呢？有些人认为你总得用新的、令人兴奋的图表让可视化变得有趣，但这种想法没有抓住数据可视化的重点（这也就是为什么我不喜欢将"创新"和见解看得同样重要的可视化内容）。

**小贴士：** 实验新的可视化方法很好，但也得确保其他人可以看得懂。通常传统的方法是最好的，传统的方法之所以被一直使用是因为它们有效。

可视化图表可以纯粹从美学的角度欣赏，但最有趣的还是数据。这就是为什么可视化要从数据开始，探索数据，然后展示结果，而不是从可视化开始，然后尽力把数据集放进去。否则，就像是用锤子砸一大把螺丝钉。

例如，你应该见过图6—1中的这张图，这是化学元素周期表。每个小方格代表一个化学元素，根据原子序数，即原子核中的质子数从左到右，从上到下排列。每个元素在行和列中的位置取决于其电子排布，这样一组元素就会有相似的性质。例如，第二列是碱土金属，是亮银白色的。

在这个例子中，数据是化学元素及其性质，它决定了周期表的布局。这种布局的确体现了元素的周期性和关系。这张图专用于其展示的数据。

把元素拿出来，保留布局结构，把其他没有周期性或自然分组的数据集塞进去，并将之命名为某某周期表是没有意义的。人们制作了一切东西，从周期表到诗歌，再到各种饮料。基于实际数据而不是化学元素的原子序数组织数据，通常是明智而有效的。

新颖的图表固然很好，但不要让它变得难懂，或只是为了独特而失去了意义。相反，要充分利用数据的独特性和相关性。

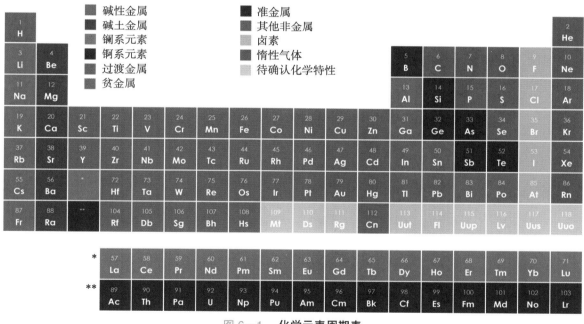

图 6—1　　化学元素周期表

例如，图 6—2 中的"世界发展报告"展示了来自联合国统计署的代表世界状况的数据。联合国曾经发布过许多数据，但是报告通常由参照表组成。这一项目的目的是让更多读者了解这些数据。这些图表的确也吸引了很多注意，但你可以看到所有这些表格都是传统的表格。内容让图表变得有趣。另一方面，你可能经常会听到有人说："我花了超过 5 分钟的时间才看明白图表。真失败！"

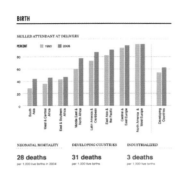
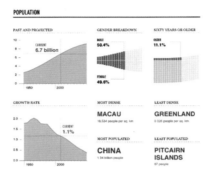

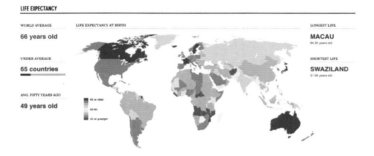
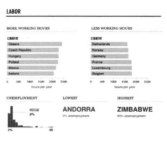
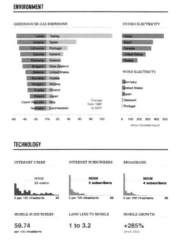

图 6—2　"世界发展报告"（2010）

资料来源：http://www.flowingprints.com/

一些人认为所有数据图都应当立即就能看懂，在很多例子中都是这样的。实时更新、用来快速查看系统状态的仪表板需要立刻读懂。但另一方面，探索百万人之间关系的工具可能非常复杂，需要花一些时间才能理解。你可以只展示简单的观点和总计结果，但这样你可能无法更好地理解数据的细节。

有时要展示的数据很多，需要花一些时间才能看完。例如，图 6—3 所示的"幸福生活指数"是由经济与合作发展组织（OECD）、莫里茨·斯特凡（Moritz Stefaner）以及创意咨询公司 Raureif 制作的。这幅图提供了一种探索 OECD 成员国生活质量的方法。

每朵花代表一个国家，一朵花有 11 个花瓣，代表 OECD 收集了 11 个方面的数据，如住房情况、消费和家庭收入等。指数是基于这些因素计算的，指数越高，一个国家在纵轴上的位置越高，该国的预计生活水平就越高。

OECD 组织所面临的挑战是，确定是什么让一个国家的生活质量比另一个国家高。不同的人对更好的生活方式定义不同。有些人可能不太关心他们挣多少钱，而更关心身体健康。有些人可能正好相反。这一交互能帮助你确定你认为什么是重要的，国家的高度会基于你的选择进行调整。因此，这是你自己的幸福生活指数。

**小贴士：** OECD 组织推动帮助改善经济和社会生活的政策，并从成员国收集编辑数据来评估进展。目前该组织有 34 个成员国。

图 6—3 平等对待所有的因素，图 6—4 则比较极端，将工作和生活的平衡放在最重要的位置，而不考虑其他内容。于是一些国家的位置上升了，另一些国家的位置则下降。

如图 6—5 所示，你可以摆弄、探索"幸福生活指数"，也可以快速浏览一下，但多花些时间就能得到更多的信息。花的隐喻可能不适用于传统的统计图形，但确实让数据更具体，相关性更强。你可以用鼠标点击每一个国家的图标，了解其每个方面的估值。

因此制作图表时，你需要在功能和独特性之间取得平衡。为了新颖而新颖通常会让数据（数据应当永远是你的目标）变得难以理解。然而，满足数据独特性的独特图表除了展示数值之外，还有助于展示数据的意义。

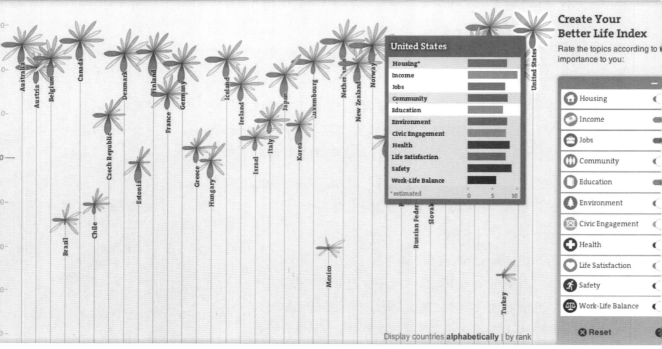

图 6—3　OECD、莫里茨·斯特凡和 Raureif 公司的"幸福生活指数"（2011）
资料来源：http://www.oecdbetterlifeindex.org

## 一切皆能可视化

有时用表格更好，有时展示数字比展示数据的抽象图形更好。有时你有很多数据，简单的聚合比展示每一个数据点要好。

想象一下你在负责一项募捐活动，有一个筹集目标，你收到了上千笔捐赠，这样每笔捐赠都有一个数据点：即金额、来自谁、这位慷慨捐赠者住在哪里。虽然看到捐赠者的分布很有趣，但人们可能更关心筹款总额的增加。你不能只是因为有这些数据就把它们可视化。

你也可能没有很多数据可用来展示。可能你拥有的只是总额，而不是原始数据。在杂志上我们经常见到这样的情况，即在边栏上加上这样那样的数字注释。这是一组不同但相互之间具有相关性的数字，具有不同的单位。直接印上实际数字也未尝不可。

例如，考虑一下关于世界状况的三个预估指标：出生时的预期寿命是 70 岁，15 ～ 24 岁间年轻女子的识字率是 87%，国内生产总值约 70 万亿美元。你可能倾向于把仅有的这些数据

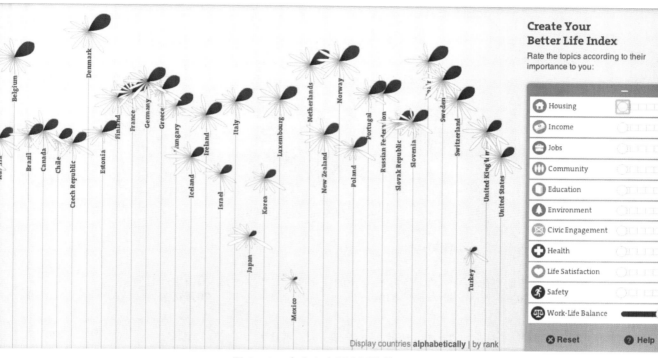

图 6—4　　**自定义幸福生活指数**

可视化，制作出类似图 6—6 这样的图，但没有其他的数值可用来比较，因此制作这样的图用处不大。

　　相反，你也可以像图 6—7 那样只显示预估计值。可视化的精髓在于理解数据中的关系和模式，因此当你没有数据时，千万不要硬编出来。

### 让可视化看上去很美

　　说一张图好看但没什么内容很容易。"这只是一张好看的图。"这种说法经常假设漂亮的东西没有什么回报价值，设计数据图表时唯一有意义的是功能。这就假设了可视化数据的唯一目的是进行分析，但作为一种媒介，可视化图表也可以引起关

**小贴士：** 有人可能会说带有形状和颜色的数字更有"视觉吸引力"，但在这个例子中，这些只是占据空间的东西，没有价值。而事实上，你有可能会怀疑这三个互不相关的数据是否真的需要可视化。

图 6—5　　**每个国家的幸福因素分类**

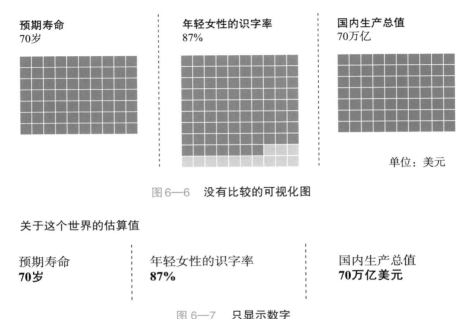

关于这个世界的估算值

预期寿命
70岁

年轻女性的识字率
87%

国内生产总值
70万亿

单位：美元

图6—6　没有比较的可视化图

关于这个世界的估算值

预期寿命
**70岁**

年轻女性的识字率
**87%**

国内生产总值
**70万亿美元**

图6—7　只显示数字

于某个主题的感情，并促使读者进行思考，或仅仅是欣赏数据的背景信息。也许让人们记住或者缅怀过去就是其目标。

美丽不只是最后一分钟贴上去的闪亮外表。它代表你放入可视化图中的想法，与清晰度密不可分并且影响着人们对它的理解。

例如，在图6—8中，尼古拉斯·加西亚·贝尔蒙特基于（Nicolas Garcia Belmonte）来自美国国家气象局的数据，将美国的风场制作成可视化动态图。交互的动画展示了过去72个小时里风的动向。线条代表风向，圆圈半径代表风速，颜色代表气温。每个标志都是一个气象站，你可以用鼠标点击图上面的任何位置以了解更多的细节。

马丁·瓦滕伯格（Martin Wattenberg）和费尔兰达·维埃加斯（Fernanda Viegas）也用同样的数据将风场可视化，但和第2章中那幅图的外表不一样，给人的感觉也不一样。如图6—9所示，线越密集，越长，代表风速越大。

图6—8中的第一张地图用圆圈显示了1 200个气象站的一种模式，感觉像是探索的工具。

图 6—8　尼古拉斯·加西亚·贝尔蒙特的"美国风场图"（2011）
资料来源：https://bit.ly/18VRaVb

而图 6—9 中加入了风的路径，感觉更像是艺术品，可以反复体会。两张图都提供了类似的见解，可帮助你推断当前的风场。由于前者更像工具，你可能会用分析的心态看图中的数据，而用欣赏画廊中艺术品的心态看待后者。

这同样也适用于一些更基础的图表。我曾经为 FlowingData 网站创作过多种风格的连环漫画——"负载不足的数据"（Data Underload），这很大程度上是为了练习颜色和图形。相比基于真实的数据，它们更加概念化，但设计得好像是基于真实数据似的。

例如，图 6—10 展示了虚构的基于年龄的睡眠时间表。这张图使用的平均睡眠时间来自 WebMD[①] 公司，但睡眠的开始时间和结束时间只是猜测的。我制作这幅图很大程度上是为了娱乐，但有些人把它和展示真实数据的图混淆了。一家大型新闻机构甚至想要发布它，我向他们解释说这只是一幅漫画而已。如果这幅图是用钢笔画在餐巾背面，如图 6—11，读者的理解可能就会不同。它看起来不那么严肃，也就不会让那么多人产生误解了。

---

① WebMD 是一家提供健康信息服务的美国公司。——译者注

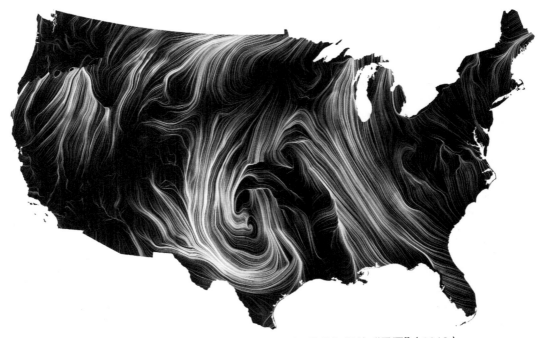

图 6—9　马丁·瓦滕伯格和费尔兰达·维埃加斯的"风图"（2012）

资料来源：http://hint.fm/wind/

　　总之，外表很重要，毕竟可视化与视觉相关。因此，人们会基于你展示的内容和方式进行判断。通常，不好看的图表并不意味着所做的分析也不好，但无论正确与否，大多数人都这样认为。

　　在商店里，人们会根据商品的外表进行购买（至少仔细看过），这个道理同样也适用于可视化。举例来说，图 6—12 的几个表展示了同样的数据，但外表各异，如果你要读一份满是图表的报告，会喜欢那一种呢？

**小贴士：** 如你所知，情人眼里出西施，因此使用软件默认设置的可视化看起来也可能不错。美在于数据，数字的文本文件也可以很美，但内在美并不是所有人都能看到的。

　　精心打造的美学作品并不能弥补基础（数据）差的可视化的缺陷。你需要进行合理分析和设计，要考虑到目标和读者群。没有前者，你的作品就只是好看的图片，没有后者，它也只是软件输出的内容。

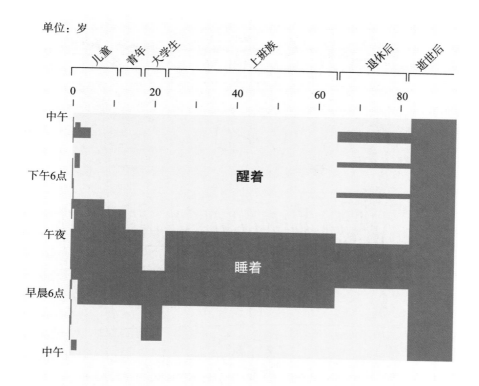

图 6—10　　**睡眠时间表（2010）**

资料来源：http://datafl.ws/22

## 固守可视化的规则

如果你查询可视化的方法，无疑会见到许多"规则"。有些书除了说明什么能做什么不能做的准则之外，就没有别的内容了。常见的错误是把这些规则用于所有的可视化作品，无论是否只是针对特定的应用，比如分析、报告和展示。可视化没有严格的规则，但和任何依赖技术的职业一样，有些方法比其他的要好。对于任何文化活动，你都不能在虚空中表演，而要基于一系列既有的传统、预期和常识进行。（莫里茨·斯特凡）

这并不是说规则都是错的。只是你要知道什么时候用，并记住大多数可视化规则是就总体而言的就足够了。不要盲从，否则只用电脑来做所有的事情就好了。

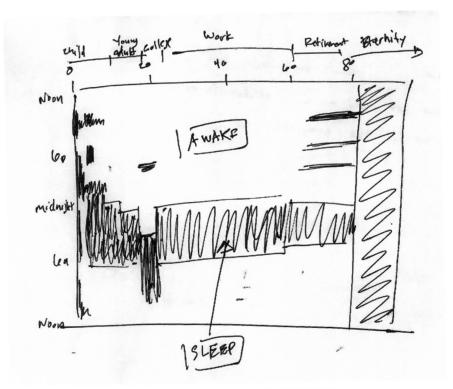

图 6—11　　粗略的草图，而不是精致的图

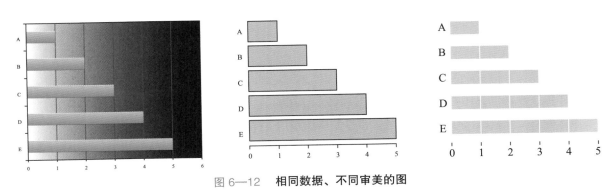

图 6—12　　相同数据、不同审美的图

　　一条经常被提到的规则是显示有用的内容，剔除多余的。但这个规则经常让人误以为一定要制作剔除得很干净、几乎只剩骨架的图表。然而，什么有？用什么无用？这完全取决于你的目标。例如，圣地亚哥·奥尔蒂斯（Santiago Ortiz）可视化了六季电视剧《迷失》，如图6—13 所示。图中的每一行都代表一场戏，每张肖像图则代表相应角色有台词的时候。可能

用条形图表示每一场戏会更有效，但这不是"Lostalgic"的目标。虽然你肯定能总结出角色间的关系和互动，但互动的目的是对该剧提供新的视角，使粉丝可以快进或快退，选择他们喜欢的剧集。

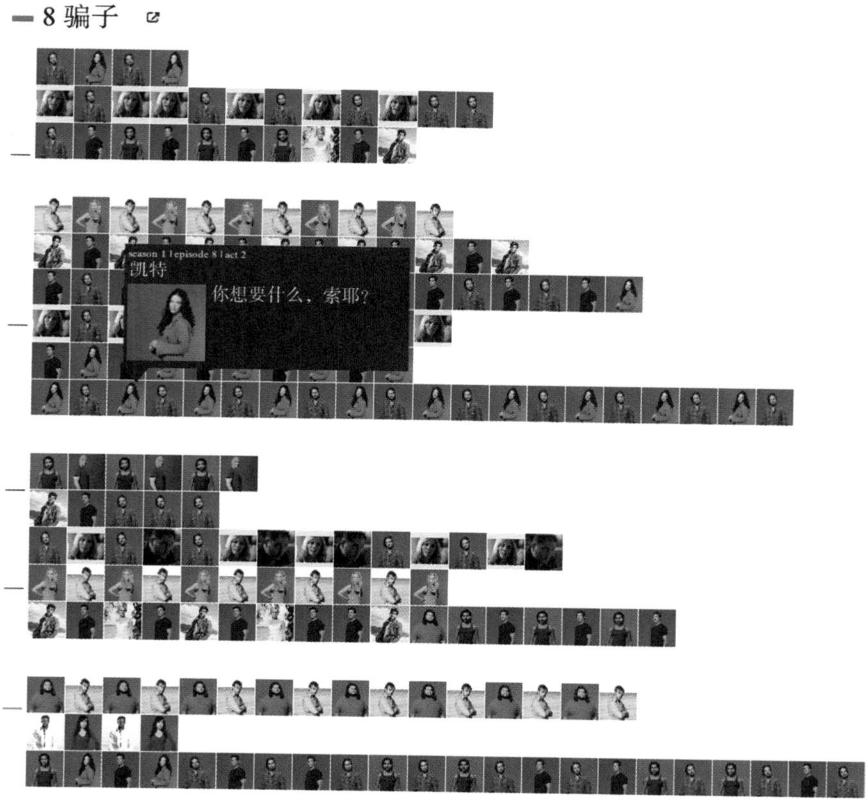

图 6—13　圣地亚哥·奥尔蒂斯的"Lostalgic"（2012）
资料来源：http://moebio.com/lostalgic

细节让图表变得更加有趣，没有这些细节的话，可视化探索对于目标读者来说可能不会这么有吸引力。

虽然这些规则可很好地指导你制作图表，并保证读者能正确理解你的作品，但你仍需要决定这些规则什么时候适用，以及适用的程度。

初学可视化时，建议了解一下感知、结构和布局的规则。学习写作的时候，有语法、句

**小贴士：** 通常，可视化的规则是一些强烈的建议或者假设了可视化的目的。设计图表时要记住这些建议，但也要自己判断什么对于目标来说是最好的。

法和段落结构以及标点用法的规则，这保证了人们可以理解你写出的内容。写作是想帮助人们把文字翻译成完整的想法。而在可视化中，你则是想要帮助人们理解视觉暗示从而理解数据。写作时，语法规则并不总是强制遵守的。可视化在本质上是数据的语言，和写作一个道理。

# 读者不同，数据展示方式不同

消除错误的想法后，现在来想想你的读者。为不同读者可视化数据意味着可视化的目标不同。目标取决于你想要人们看到和理解的内容。准确性和真实性永远居于目标清单的第一位，但这也带来了许多不同的视觉形式，向一个人、一百个人、一千个人甚至一百万个人展示是不一样的。

## 自己动手制作可视化图

这是可视化过程中很令人兴奋的一部分。不仅要研究数据以弄清其代表着什么，有什么意义，还要学会选用合适的形状、颜色和布局，知道什么可以用，什么不可以用。每个数据集都有些不同之处，所以每次都能学到新东西。

你可能倾向于在探索阶段快速地创建图表。你想要知道这些数据是关于什么的，是否有些角度需要深入探索。这个时候不要过多关注布局和美学，而要注意效率和速度。如果数据很多或者数据集很复杂，在这个阶段会花费很多时间，这很正常。

**小贴士：** 正式分析大多也是在这个阶段进行的。这是一个迭代的过程，在这一过程中，可视化会影响统计方法，统计方法也会影响可视化。在这个阶段对数据了解得越多，可传达给读者的信息就越多。

知道要展示什么之后，你可以琢磨该怎么来展示。在电脑上花费大量时间前可以先从纸笔开始，所以你得在身边放一本笔记本。想到可能有用的东西就要用草图、涂鸦和草稿记下，然后再试着用电脑转换它们。

用纸上的草图把你想做的展示出来，这不受电脑技术的限制。知道有限制是好的，但更好（也更容易）的是先有许多想法，然后缩减将之填入数字和时间的限制中。不要把作品限制在电脑能做的范围内。

**小贴士：** 你告诉电脑做什么，而不是电脑告诉你能做什么。

用你觉得最好的工具探索和分析数据，了解所能知道的一切，用发现来指导设计。

## 为某一位特定的读者设计可视化图表

为某一位读者设计可视化图表面临的主要问题是，你必须保证读者可以跨越编码到解码这一步，从而理解数据。如果读者已经熟悉了数据的背景，甚至已经研究过数据，那么障碍就小一些。

你可以带着读者一起了解你的分析或研究过程中画的图，毫不夸张地说，大部分人都能跟上你的逻辑。

**小贴士：** 如果读者熟悉你的数据和分析，你还会有些选择的余地。但宁可解释得详细一些，也不要解释得不够充分。

然而，因为是向别人展示数据，你要考虑到他们会怎样审视你的作品。你自己是唯一的观众时，你就只为一个人设计，只会有一种距离、一个电脑屏幕或一张纸。有其他人时，情况就不一样了。每个人都有不同的背景、不同的打印机和不同的电脑屏幕分辨率，虽然无法满足所有人的需求，但至少要在合理的范围内尝试着对尽可能多的人负责。

例如，在做幻灯片展示时，有人坐在前面，有人坐在中间，有人坐在后面。你要考虑后排的人与前排的人看到的效果不同。如图6—14所示，一张图在近处看起来很好，但距离远了就看不清了。

只为前排的人设计图表，后排的人可能就看不到了，为后排的人设计，所有人都能看到。虽道理浅显，但多少次在演讲中我们还是会听到主讲人说："你可能看不清这个，但……"然后继续说下去，好像你能看清似的。

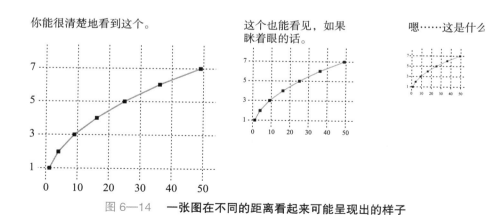

图6—14 **一张图在不同的距离看起来可能呈现出的样子**

## 为更广泛的读者设计可视化图表

随着读者人数的增加，设计可视化图表就变得棘手了。像给同事展示时一样，你依然要考虑相同的变量，但每个变量的范围增加了。人们所用屏幕可能是手机屏幕，也可能是大型监视器，他们也能很容易把图表从报告或幻灯片里摘出来发布到网上。

最为重要的是，为大众设计图表时，对数据的认知和数据背景的熟悉程度会千差万别。

这并不意味着你得降低可视化作品的难度，或限制展示的内容，但你得保证在合理的范围内解释复杂的概念。避免使用术语，也不要以相关性的方式展示数据，只要不是读者必须有统计学博士学位才能理解图表就可以了。

例如，信息可视化公司 Periscopic 将北极熊的数量、栖息地和受威胁的信息编入了交互式"北极熊状态"图表中。这个图从各种角度展示了数据，让你可以在空间和时间中对数据进行探索。或者可以说，这个图提供了一个综述，你可以与之交互了解更多的细节。图 6—16 是初始视图，展示了北极熊专家组在整个北极地区搜寻到的北极熊亚种群。

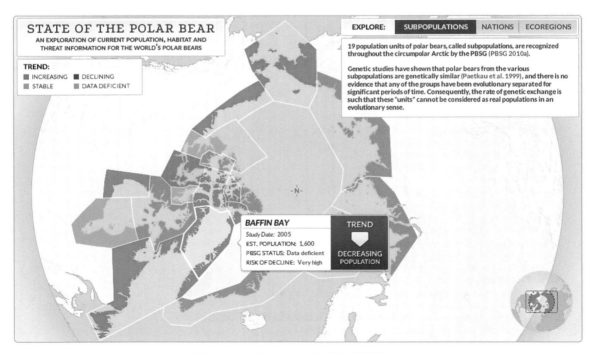

图 6—15　Periscopic 的"北极熊状态"

资料来源：https://bit.ly/15Z3NE4

如图 6—16 所示，你只需点击某个区域就能看到具体的信息，还有其他可以交互探索的区域（你应该尝试一下），但重点是材料的来源。它是几个国家共同努力的结果，这可能会让读者感到困惑。多层次的交互带领你看完了数据，而来自研究员的丰富背景内容则会帮助解释你看到的内容。

虽然这是交互图表，但静态的可视化也可以达到目的。你可以制作多幅图表并连续展示。把它想象成在数据中的旅行，而你是这场旅行的导游，向游客介绍有趣的地方并作出解释。

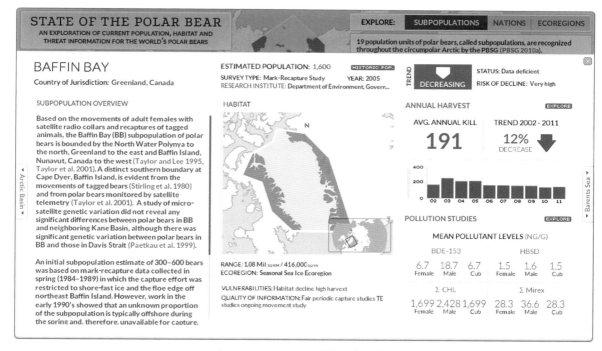

图 6—16　某一区域的更多细节

## 需要注意的事项

将自己放在游客的角度。假设你正在一座历史悠久的城市中旅游，你希望导游介绍些什么呢？你肯定希望他介绍历史事件在何时何地发生，当时的人们过着怎样的生活，为什么那座建筑的颜色和名字那么奇怪。你不会介意导游把个人喜好带入他的讲解中，但你也希望他按路线走，并专注于付费包含的内容。最重要的是，你希望导游讲述事实，而不是当场编造故事。如果他不知道答案，就应该实话实说。

作为数据的导游，你也负有类似的责任。你的工作是指出有趣的方向，提供背景知识，确保你的读者不会感到困惑，并始终关注焦点。你提供内容的多少因读者的不同而不同，但最重要的是，你必须展示真实的内容。

## 数据的背景

还记得第 1 章中我的婚礼照片吗？起初它们对你而言就是一张张没有任何背景信息的陌生照片，但随着我告诉你的内容的增多，就你能感觉到照片的真实，也更了解那天发生的事了。将这一点广泛地应用于可视化，人们就会更容易理解数据。没有背景信息的图表只会让人难以理解。

举例来说，请看图 6—17，这是一幅来自实时航班追踪网站 FlightAware 的地图。从航班信息页中，我可以告诉你这是 2012 年 4 月 19 日的 N48DL 次航班，从路易斯安那州的斯莱德尔飞往佛罗里达州的萨拉索塔，飞行时间为 4 小时 23 分钟。

除了看起来像个简陋的航班跟踪系统外，这张地图并没有什么值得注意的地方。但是，实际情况是这是一架小型飞机的航线，这架小飞机在墨西哥湾上空盘旋了 2 个多小时后，最终坠入大海。飞行员失踪。此时此刻，这张地图突然就有了别的意义。

**小贴士：** 要想知道人们对图表的理解程度，最好的方式是向不熟悉数据的人展示图表。这样你可以从人们的第一印象中快速获得相关反应了。

有时，研究某个数据集一段时间后，你很容易忘记其他人不会像你那样熟悉数据。当你知道所有的细节后，很难退回去并想起当初第一次打开文档或数据库时的感觉——只是一堆数字。这就是大部分人刚看到可视化图表时的感受，因此要加快他们理解数据的速度。

## 对概念进行指导

这一点在第 5 章中提到过，但值得再提一次，让我更加概括地阐述一下。由统计学家设计、用于数据研究的统计图形可以成为很好的工具，是大量优秀图表的基础。面对大众读者最大的挑战就是，你必须把自己放在与不以研究数据为生的人相同的位置上。只是希望人们知道你在做什么是不够的。

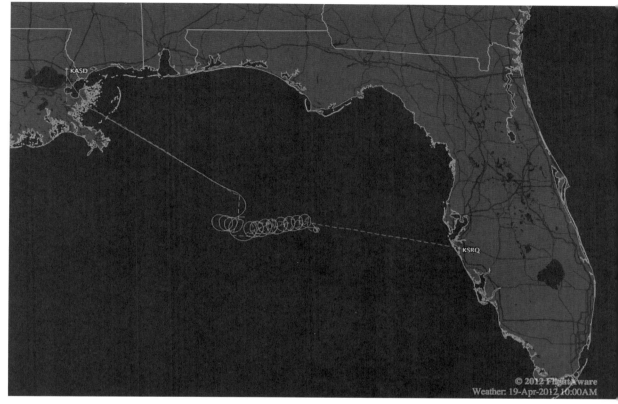

图 6—17    从路易斯安那州斯莱德尔飞往佛罗里达州萨拉索塔的航班

资料来源：Flight Aware，https://bit.ly/17WhBx0

　　即使是做数据工作的人也有可能对某种图表类型不熟悉，或者没有和你寻找同样的视觉特征。在我读研究生的第二年，教授给我们看了一幅呈上升趋势的折线图，并问我们这幅图有什么特别的。没有人答得出来，因为我们看到的只是一条斜伸向右上方的线。后来教授向我们指出了线上一个小小的标志，告诉我们这才是焦点。到那时我才看出这幅图的意义，我很惊讶自己竟然没有发现这个标志，但在教授指出之后，这一点看起来就很明显了。

因此，要考虑读者知道什么，不知道什么，以及理解你的可视化图表需要知道什么。基本上，要确保他们能理解几何图形和颜色，这是至关重要的。因为如果他们不能只从点到数字的角度理解可视化的意思，他们就不能理解自己与这些数据的关联，无法形成自己的观点（见图6—18）。

统计教育研究显示，在小学生首次看图时，他们会把注意力放在单个数值上。也就是说，他们可能知道条形图中条形的高度对应数值，但并没有立刻将所有的数值联系起来。之后他们会进行比较，然后再看整体。分布和多变量关系则是接下来的概念。

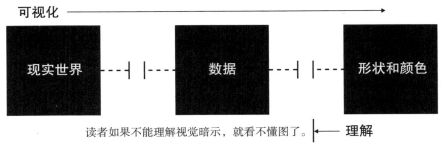

图6—18　**断开的视觉暗示、数据和所表示事物间的联系**

**小贴士：** 统计学概念的例子，请见第5章。

你可以看到这是如何与数据认知相对应的。理解最小值、最大值和趣闻轶事相对容易，但试图在总体中进行比较并形成分组就有点儿困难了。最终，理解了分布才能正确理解变量。

虽然这些发现都处于教育背景中，为读者设计的可视化本质上就是教学，但这并不是说你应该完全避免所有的高级方法。你在使用这些方法的时候，要解释如何阅读，展示了什么，这样误解就会减少。

## 以数据来叙事

可视化经常被当作叙事手段。数字是原材料，图表则是描述材料的方式。在提到故事或用数据叙事时，我指的不是小说（如果这就是你的目标当然非常好），而是指统计学的故事，如图 6—19 所示。

通常这有助于你提出与数据有关的问题，然后尝试通过可视化来回答。它给了你一个切入点，并为图表提供了焦点。同时，一个简单的问题经常会引发其他的问题，并可能使你产生从未有过的想法。

有了故事之后，不要只顾图表好看，要以适合报告背景的方式来讨论数据。例如，你可以引领读者走进你的分析过程，从大图直到细节和值得注意的数据点，或者反过来，从案例研究开始到最后的总结。

如果是要做一份参考材料，而不是讲一个故事，你可以把数据分成几个组。也许你有国家的具体数据，按地域和发展水平分类，或者你可能只是想按字母顺序显示每个国家的简介。同样地，这都取决于你希望读者怎样看图，以及希望他们如何理解你的图。

**小贴士：** 在第 1 章中，你先看到了单张照片，然后才看纵览婚礼的照片。而在本章最后，你会先看到美国车祸的总体情况，然后才会了解到更多的细节。

这一点同样适用于附有文字的配图，例如在报告或文章中的图。你要在可视化图表和文字之间建立起连贯性。通常人们会弄一些五花八门的图表，却不去想它们之间的关系是什么，而只是简单地把他们拼凑在一起。结果是，你看到了一个个单独的模块，但通常你想要图表和文章一样具有相同的连贯性。

有时连贯性很简单，就是注意把图表放在文字中的什么位置。例如，图 6—20 展示了报告的通用布局，其中图表的位置在空间上是合理的，但提及该图的文字却在不同的页面中。这使读者在阅读前页时要向后翻看图，或者在阅读后一页时要向前翻，重新查看对于该图的解释。

在这种情况下，在图表加入简介是有好处的。读者可以直接从图表中获得信息，而不需要翻回前一页才知道是什么意思。

想想人们会怎样读你的报告就明白了。他们是从前往后读，还是会先浏览，看看标题和图片，如果有感兴趣的内容再仔细看呢？包含简介的图表可方便读者进行浏览。

**小贴士：** 翻页看图看起来可能没什么，但报告很长或数据很多时就会是非常大的负担。

| 可能的问题填空 | 统计学概念 | 可能的视觉效果 |
|---|---|---|
| _____是最好和最好的？ | 最大值和最小值 | |
| _____如何随时间而变化？ | 暂时的模式 | 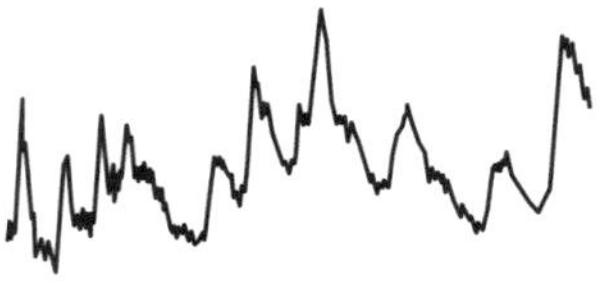 |
| _____异于其余的？ | 离群值 | 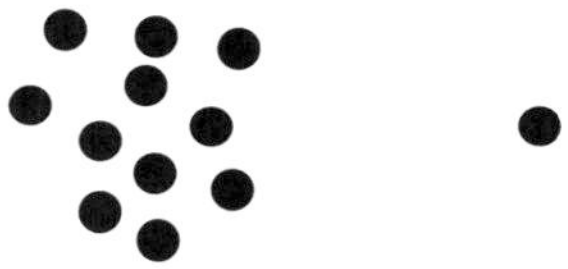 |
| _____使_____有别于_____？ | 集群 | 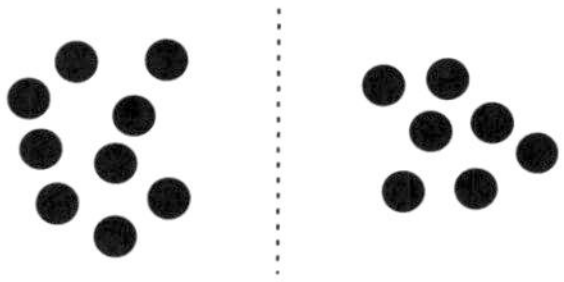 |
| _____和_____如何彼此相联？ | 相关性 | 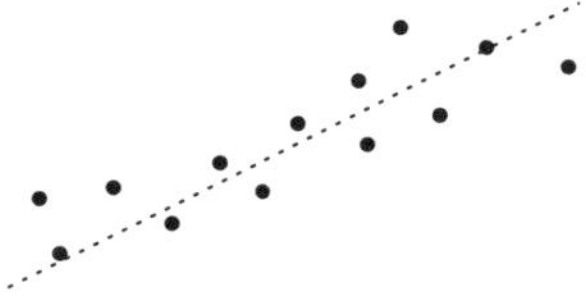 |
| 为_____而崩溃？ | 差异性 | |

图 6—19　统计分析的问题和可能的结果

第一页      第二页      第三页

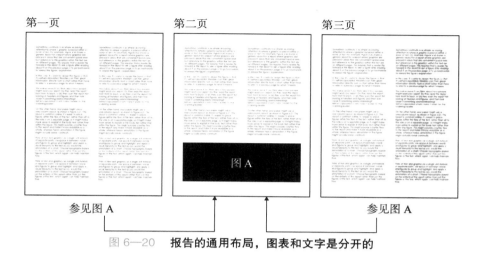

参见图 A          参见图 A

图 6—20      **报告的通用布局，图表和文字是分开的**

第一页      第二页      第三页

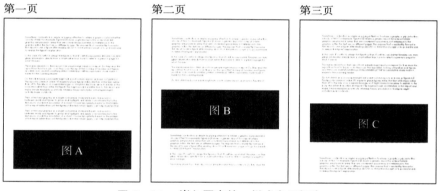

图 6—21      **嵌入图表的一栏式布局报告**

    另一方面，你可能在论文中采用了一栏式布局，如图 6—21 所示。这种布局在网上很常见，它更容易随着文字的进行嵌入图片，而不是将图片放在旁边或另外一页，这时在文字中进行阐述比在图片中嵌入简介更清楚。这样可以让报告更流畅，整体的可读性更强，而图片中做过多注解可能会打破连贯性。

    把文字和图表想成一个整体，而不是分开的各个部分。用文字和图片间的留白来分组和突出显示，然后像注解图表一样为文字增加视觉层次。基于整个报告选择字体，而不是只考虑图片和文字，这样也能保持连贯性。

### 相关性

让读者看到与他们有关的数据，这可以有效地吸引读者的注意力。人们会花更多的时间在那些他们认为与自己或所处环境有关的数据上。

例如，图 6—22 中的曲线图显示了美国特定年龄人口的年死亡率。其中的一条线代表女人，另一条线代表男人。总体趋势是上升的，这表明年纪越大死亡率越高，超过 120 岁，概率几乎是百分之百。

人们与这里的数据有着直接的联系，因为大多数人都知道年龄和死亡率。注意到总体趋势时，你可能会查看自己的年龄和性别对应的概率，也许还会注意到家庭成员和朋友的年龄。你很容易与数据建立起相关性。

#### 死亡的可能性

随着年龄的增长，未来一年内死亡的概率会上升。

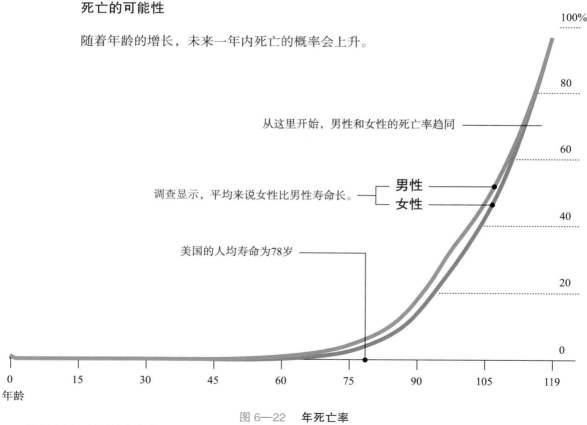

图 6—22　**年死亡率**

资料来源：美国社会安全局

　　当然，你还可以再进一步完全根据看图人的背景显示数据。图 6—23 就换了个角度，在读者看到图表全貌前先询问他的年龄，然后只显示相应的死亡概率。该图表显示在个体百分比下方，同样的数据最终还是用相同的方式显示，但重点转到了个体身上，这就让数据个性化了。

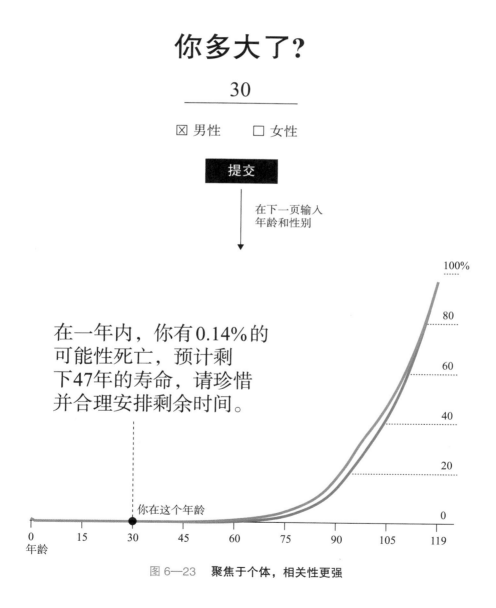

图 6—23　**聚焦于个体，相关性更强**

空间数据也很容易建立起相关性。例如，图 6—24 展示了一幅交互地图的截图，这幅地图动态显示了美国沃尔玛门店的增长情况。和大多数线上地图一样，它可以移动和缩放，所以人们可以放大他们的居住地，等待最近的沃尔玛门店出现，就像看动画片一样。这像是一种确认，人们用自己作为确认点。然后他们会播放动画，观看门店增长的模式。

在探索阶段，先看数据的总体情况，然后再决定下一步的方向，这通常是有益的。你也可以从相反的顺序中获益。实际上，新闻报道经常这样做。它先用趣事吸引读者的注意力，然后再展现更广泛的视角。

当然,并不是所有的数据都能快速建立起联系。也许你的数据是服务器状态和电池电压。有时隐喻可能会有用，但参照点是你要追求的东西——用熟悉的东西来比较。

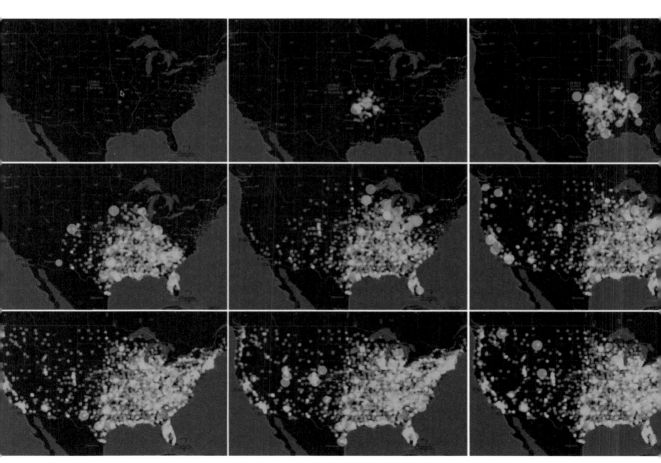

图 6—24　通过物理位置产生的相关性

## 可视化步骤的整合

把所有东西整合起来，从理解数据，到探索数据，使之清晰，并适应读者，这就是数据可视化的一般过程。每个阶段付出的时间和努力的多少取决于数据本身以及你处理数据的方法。如果数据量不大，就少花一些时间去探索，但如果有很多数据，就要多花费时间探索，并且在各阶段之间进行迭代。

现在用一个真实的数据集尝试一下。美国疾病控制与预防中心（CDC）一直在记录美国的肥胖率。你可以从他们的网站上下载数据，包括每个县从 2004 年到 2009 年的肥胖率。一共有约 3 100 个县。

这些年来肥胖率有什么变化？你可能知道它在上升，但上升了多少？每年有什么不同？从箱形图开始看看分布的变化，如图 6—25 所示，你可以清晰地看出每年的增长情况以及一些小的变化。

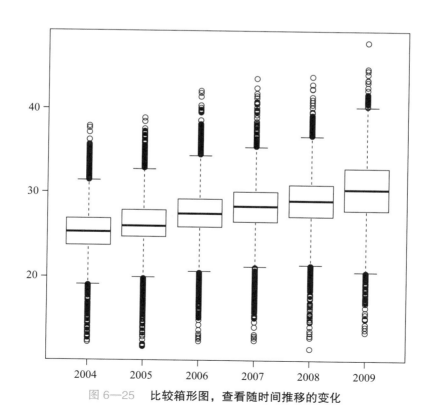

图 6—25　比较箱形图，查看随时间推移的变化

你可能想要看一下每一年分布的细节，因此用堆在一起的直方图来比较，如图 6—26 所示。整体来看，肥胖率是增加的。所有分布都呈钟形曲线，峰值则从上到下往右移。

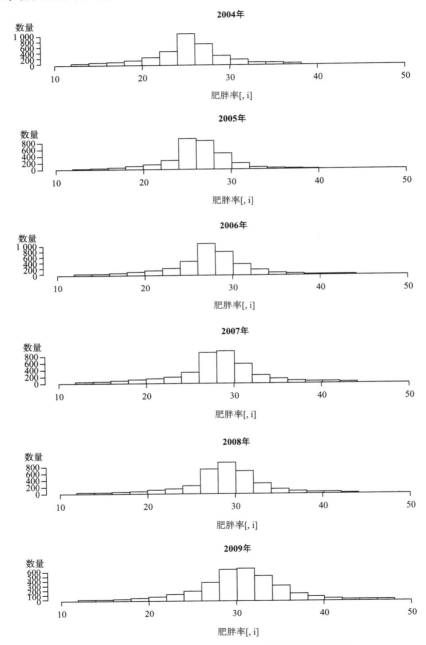

图 6—26 　研究分布以观察随时间推移发生的变化

图 6—27 更具体地显示了每个县的时间序列线。它使用了一些透明度，让线条密集的地方颜色深一些。你可以看到分布位于 20 ～ 30 之间，以及趋势的上升。黑线显示年度县平均值。

因为有地理数据，从地图上看这些数据也可能会有帮助，如图 6—28 所示。红色越深意味着肥胖率越高。有没有一些地理模式？看起来东南部的肥胖率比其他地区高，这一规律在随后几年中更为明显。

然而，每年全美的增长并不是很明显。2004 年和 2005 年的地图相似，当然 2005 年的地图颜色要深一点。有两件事妨碍了差异的清晰化：县边界线和对比度不够的配色方案。前者让地图看起来浅一些，尤其是在东海岸，那里的县更小；后者让县与县之间的差别以及每年的变化都很难区分。图 6—29 使用了更高的对比度，并且去掉了县的边界，使其看上去更为清晰。

有没有哪些县在这些年里有所改善，肥胖率下降了呢？肯定有。图 6—30 用蓝色标出了这些县，但没有显出任何地区模式。蓝色随机分散在全国范围内。

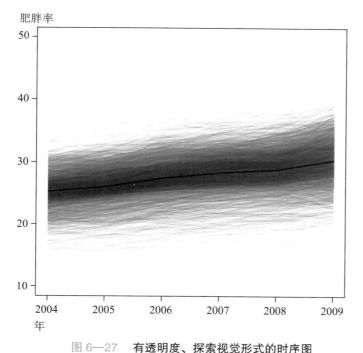

图 6—27　有透明度、探索视觉形式的时序图

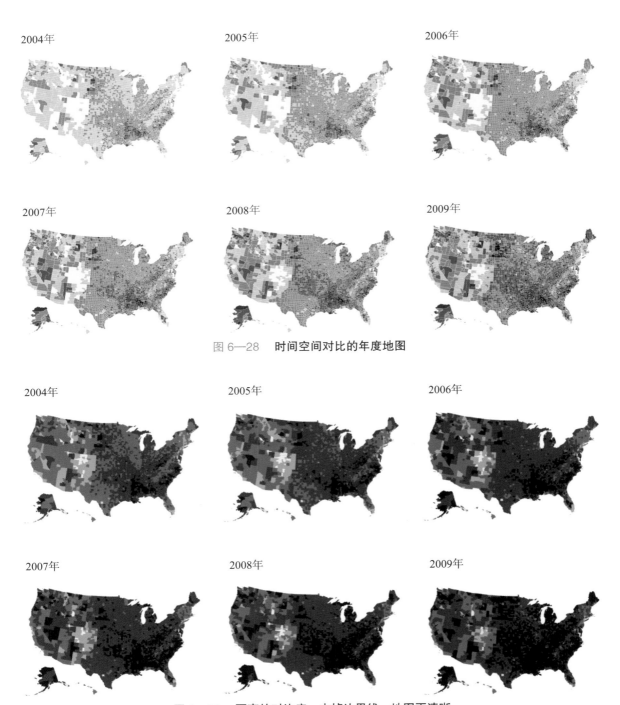

2004年　　　　2005年　　　　2006年

2007年　　　　2008年　　　　2009年

图 6—28　时间空间对比的年度地图

2004年　　　　2005年　　　　2006年

2007年　　　　2008年　　　　2009年

图 6—29　更高的对比度，去掉边界线，地图更清晰

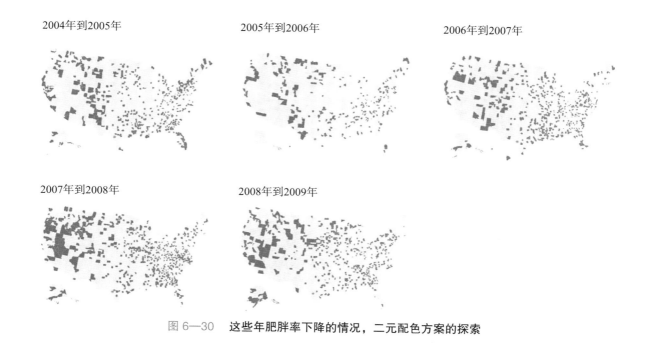

2004年到2005年　　　　2005年到2006年　　　　2006年到2007年

2007年到2008年　　　　2008年到2009年

图 6—30　这些年肥胖率下降的情况，二元配色方案的探索

体重一定与长期因素有关。与 2004 年相比，2009 年全国 3 138 个县中只有 51 个县的肥胖率下降了。图 6—31 用蓝色突出了肥胖率有所改善的县，但结果并不是很明显。

看起来最好是把重点放在全国肥胖率的增加上，毕竟没有多少县肥胖率下降了。然而，即便在用了更高的对比度并去掉边界线后，图 6—30 中的地图也没有让每年的变化看起来很明显。确实有变化，但是变化不大。然而，比较 2004 年和 2009 年的地图，差异很容易就看出来了。如果最终的图表用 2004 年和 2009 年的地图呢？好像更有利于比较，那就用这两个地图吧。

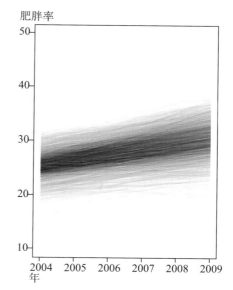

图 6—31　图 6—30 中地图的时序版本，用以寻找模式

图 6—32 显示了一些布局的速写。我想过用时序图，但这些数据看起来更适合用随时间推移而变化的地图。人们更想要查看自己所在的地区，而时序图掩盖了这一点。

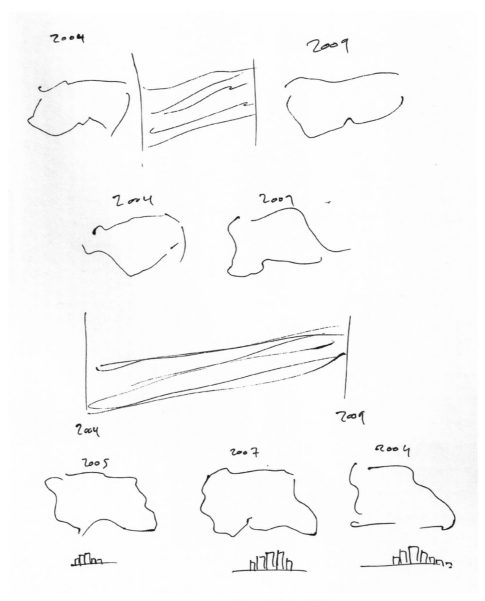

图 6—32　正式图表前的布局草图

　　最终，我得到了图 6—33。一张是 2004 年的地图，一张是 2009 年的。每张地图下面的直方图兼做图例，说明不同深浅的红色各自表示的范围。

　　请注意最终图表的形成过程。并不是每张图都会用到，大多数时间都花费在确认数据要展示什么上。在 FlowingData 上，读者经常看到他们喜欢的可视化作品，并问我用了什么软件，他们怎样才能（快速地）用他们的数据创作出同样的作品。很多时候并没有那么简单。你要四处探索，尽可能理解你的数据，然后再创作。

## 美国各县上升的肥胖率

　　根据美国疾病控制和预防中心的估计，2009 年和 2010 年全美有 36% 的成年人和 17% 的少年肥胖，总人数超过 9 000 万人。

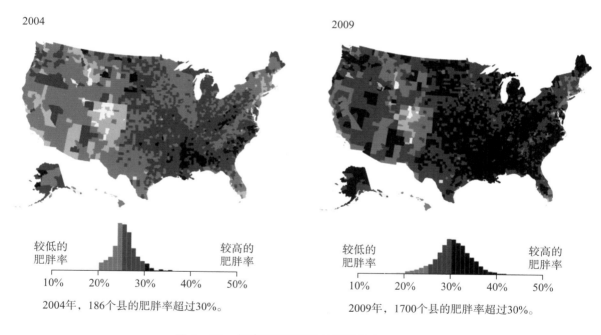

图 6—33　　**探索研究后带有注解的图表**
注：地图根据年龄对数值进行估计。

## 小结

无论读者是谁，你都必须跳出数据集，考虑一下数据在现实世界中代表什么。不要掉进陷阱，认为数据只是孤独存在于硬盘或电子表格中的数字输出。

马克·吐温有一句广为流传的名言，也许给统计数字带来了不好的名声："世界上有三种谎言：谎言，该死的谎言和统计数字。"人们经常将这句话曲解为数字中有假，但谎言并非来自数字本身。它们来自错误或不负责任地使用数字的人。向他人展示数据时，你有责任展示出真相。

尽可能了解你的数据，然后基于发现来设计图表。这样，再小的细节都会变得有条不紊了。

第7章

将可视化进行到底

通过学习关于数据的知识，你知道了如何表示数据，如何直观地探索数据，如何使数据清晰明了，以及如何针对读者来设计可视化图表了，下一步显然就应该在实践中运用这些知识了。抓住数据，并将它可视化。

可是，用什么来可视化呢？你有大量的工具可以使用。哪一种工具最适合取决于数据以及你可视化数据的目的。本章会讲到多种工具，而最可能的情形是，将某些工具组合才是最适合你的。有些工具适合用来快速浏览数据，而有些工具则适合为更广泛的读者设计图表。

# 可视化工具

可视化的解决方案主要有两大类：非程序式和程序式。以前可用的程序很少，但随着数据源的不断增长，涌现出了更多的点击 / 拖拽型工具，它们可以协助你理解自己的数据。

## Microsoft Excel

这款大家熟悉的电子表格软件已被广泛使用了二十多年。我第一次使用 Excel 也是二十年前的事了，如今还会不时地用到它。至少，有很多数据你只能以 Excel 表格的形式获取到。在 Excel 中，让某几列高亮显示、做几张图表都很简单，于是你也很容易对数据有个大致的了解。

**小贴士：** 如果将 Excel 用于整套可视化过程，请使用图表设置来增强其简洁性。默认设置很少能满足这一要求。

然而，我不会用 Excel 来做全面的数据分析，或制作公开发布的图表。Excel 局限在它一次所能处理的数据量上，而且除非你通晓 VBA（Visual Basic for Applications）这个 Excel 内置的编程语言，否则针对不同数据集来重制一张图表会是一件很繁琐的事情。

## Google Spreadsheets

基本上它就是谷歌版的 Excel，但用起来更容易，而且是在线的。图 7—1 显示了它的一些图表选项，然而，在线这一特性才是它最大的亮点，因为你可以跨不同的机器和设备快速访问自己的数据，而且可以通过内置的聊天和实时编辑功能进行协作。

通过 importHTML 和 importXML 函数，你还可以从网上导入 HTML 和 XML 文件，我使用 Google Spreadsheets 主要就为了这个。例如，你在维基百科上发现了一张 HTML 表格，但想把数据存成 CSV 文件，就可以用 importHTML，然后再从 Google Spreadsheets 中把数据导出。更多信息参考：http://drive.google.com/。

图 7—1 Google Spreadsheets 的图表选项

## Tableau Software

写这本书时，Tableau Software 这款分析软件已经崭露头角。如果相对于 Excel，你想对数据做更深入的分析而又不想编程，这款软件就很值得一看。如图 7—2 所示，这款软件基于可视化界面，

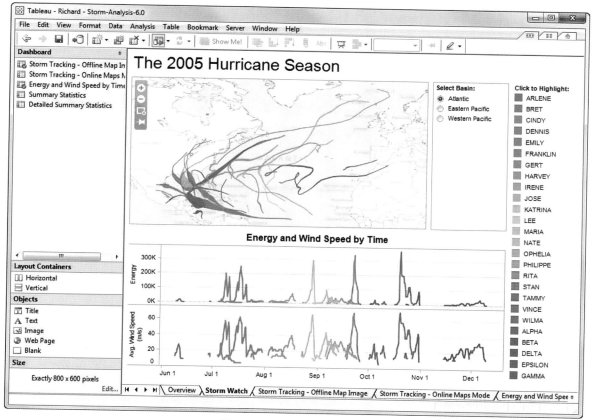

图 7—2 Tableau Software

在你发现有趣的数据点，想一探究竟时，可以方便地与数据进行交互。缺点是它价格不菲。目前，它还只能在 Windows 系统上运行，但 OSX 版已在筹划中。

Tableau Public 是免费的，有了它你可以将各种图表整合成仪表盘在线发布。然而，从它的名字上就能看出来，你得公开自己的数据，把数据上传到 Tableau 服务器。更多信息参考：http://tableausoftware.com。

## Many Eyes

Many Eyes 是 IBM 研究院的一个项目，你可以借助它上传数据集并使用大量传统的或实验性的可视化工具有来探索数据。Many Eyes 网站 2007 年上线，2010 年停止更新，但仍然保持运行以供人们使用。和 Tableau Public 一样，它的缺点也是数据必须公开并上传至服务器。更多信息请参考：http://many-eyes.com。

## 针对特定数据的工具

下面的软件构成了一张大网，因为它们能处理多种类型的数据，并可以提供许多不同的可视化功能。这对于数据的分析和探索大有好处，因为它使你能够快速地从不同角度观察自己的数据。然而，有时候专注地做好一件事会更好。

### Gephi

如果你见过一张网络图，或者一个由一条束边线和一个结点构成的视觉形象（有的就像一个毛球），那么它很可能是用 Gephi 画出来的（参见第 2 章）。Gephi 是一款开源的画图软件，支持交互式探索网络与层次结构。更多信息参考：http://gephi.org。

### ImagePlot

在第 2 章我们讲过，加州电信学院软件研究实验室的 ImagePlot 能将大规模的图像集合作为一组数据点来进行探索。例如，你可以根据颜色、时间或数量来绘制图形，从而展现某位艺术家或某一组照片的发展趋势与变化。更多信息请参考：http://lab.softwarestudies.

com/p/imageplot.html。

### 树图

绘制树图的方法有很多种，但马里兰大学人机交互实验室的交互式软件是最早的，而且可以免费使用。树图对于探索小空间中的层次式数据非常有用。Hive 小组还开发并维护了一款商用版本。更多信息请参考：http://www.cs.umd.edu/hcil/treemap/。

### TileMill

不久之前，自定义地图还是制作难度大且高度技术化的东西。然而，现在已经有多种程序使得基于自己的数据、按喜好和需求设计地图变得相对容易了。地图平台 MapBox 提供的 TileMill 就是一款开源的桌面软件，有 Windows、OSX 和 Ubuntu 几个版本。你可以下载并安装，然后加载一个 shapefile，就像图 7—3 那样。

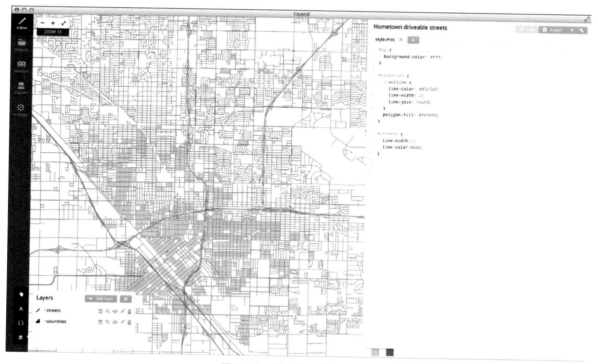

图 7—3　MapBox 的 TileMill

你可能不太熟悉 shapefiles，它是用来描述诸如多边形、线和点这种地理空间数据的文件格式，网上很容易找到这种文件。例如，美国人口调查局就提供了道路、水域和街区的 shapefile。更多信息请参考：http://mapbox.com/tilemill/。

### indiemapper

图 7—4 是 indiemapper，它是地图制作小组 Axis Maps 提供的一个免费服务。与 TileMill 类似，它支持创建自定义地图以及用自己的数据制图，但它运行在浏览器中，而不是作为桌面客户端软件运行。indiemapper 使用简单，并且有大量的示例可以帮助你起步。

这款应用最让人喜欢的一点是它可以方便地变换地图投影，这能引导你找出最适合自己需要的投影方式。更多信息请参考：http://indiemapper.com/。

### GeoCommons

GeoCommons 与 indiemapper 类似，但更专注于数据的探索和分析。你可以上传自己的数据，也可以从 GeoCommons 数据库中抽取数据，然后与点和区域进行交互。你还可以将数据以多种常见的格式导出，以便导入其他软件。

### ArcGIS

在以上提到的地图工具出现之前，对大数人来说，ArcGIS 都是首选的地图工具（对很多人来说现在也是）。ArcGIS 是个特性丰富的平台，你几乎能做与地图有关的任何事情。大多数时候，基本功能已经足够，因此最好还是先尝试一下免费选项，如果不够用，再尝试 ArcGIS。更多信息请参考：http://arcgis.com/。

## 编程工具

拿来即用的软件可以让你短时间内上手，代价则是这些软件为了能让更多的人处理自己的数据，总是或多或少进行了泛化。此外，如果想得到新的特性或方法，你就得等别人为你实现。相反，如果你会编程，就可以根据自己的需求将数据可视化并获得灵活性。此时，你才是告知计算机做什么的那个人。

图 7—4　Axis Maps 的 indiemapper

　　显然，编码的代价是你需要花时间学习一门新语言，然而，等你克服了学习曲线上的波峰之后，就可以更快地完成数据可视化了。慢慢地，你也开始构造自己的库并不断学习新的内容，重复这些工作并将其应用到其他数据集上也会变得更容易。

**小贴士:** 学习编程乍一听有点吓人，因为代码看上去离奇古怪的，但可以想象成学习一种新语言。开始你会感到一头雾水，熟练之后你就可以用它清晰地传达自己的思想了。

# R 语言

**小贴士：** 虽然你可以用基础的 R 语言分发包来编写代码绘制图形，但很多人觉得使用 RStudio IDE 将有助于维护代码的组织。（http://www.rstudio.com/）

R 是一门用于统计学计算和绘图的语言。最初的使用者主要是统计分析师，但近年来用户群扩充了不少。它的绘图函数能让你用短短几行代码便将图形画好，通常一行就够了。图 7—5 显示了一些可通过 R 语言完成的示例。

R 语言主要的优势在于它是开源的，在基础分发包之上，人们又做了很多扩展包，这些包使得统计学绘图（和分析）更加简单，例如：

- ggplot2：基于利兰·威尔金森图形语法的绘图系统，是一种统计学可视化框架。
- network：可创建带有结点和边的网络图。
- ggmaps：基于谷歌地图，OpenStreetMap 及其他地图的空间数据可视化工具。它使用了 ggplot2。
- animation：可制作一系列的图像并将它们串联起来做成动画。
- portfolio：通过树图来可视化层次型数据。

这里只列举了一小部分。通过包管理器，你可以查看并安装各种扩展包。

本书中的图形大多数都是用 R 语言生成，然后用插画软件精制的，后面将介绍插画软件。在任何情况下，如果你在编码方面是新手，而且想通过编程来制作静态图形，R 语言都是很好的起点。更多信息请参考：http://r–project.org/。

## JavaScript、HTML、SVG 和 CSS

不久之前，在可视化方面，浏览器的内置功能可做的事情还非常有限。你不得不借助于 Flash 和 ActionScript。然而，自从不支持 Flash 的苹果移动设备出现之后，人们便很快转向了 JavaScript 和 HTML。除了可缩放矢量图形（Scalable Vector Graphics，SVG）之外，JavaScript 还可用来控制 HTML。层叠样式表（Cascading Style Sheets, CSS）则用于指定颜色、尺寸及其他美术特性。

图 7—6 显示了用 JavaScript 做可视化的几个例子，实际上 JavaScript 具有很大的灵活性，可以做出你想要的各种效果。在这一点上，更大的局限还是在于你的想象力，而非技术。

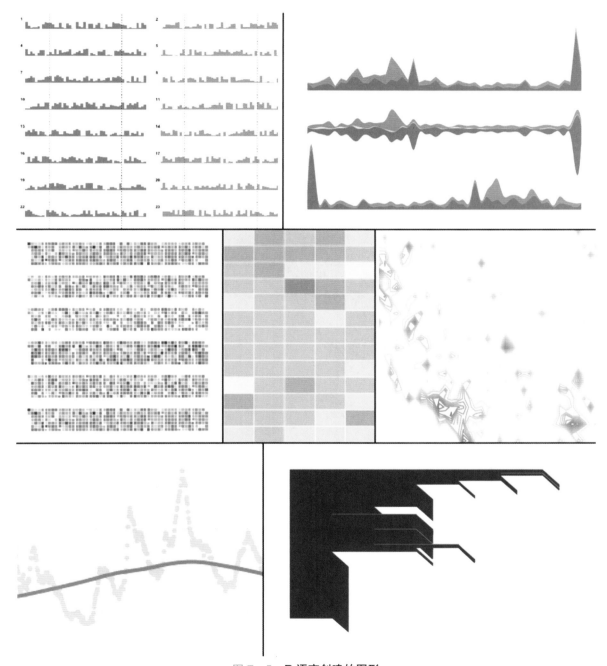

图 7—5　R 语言创建的图形

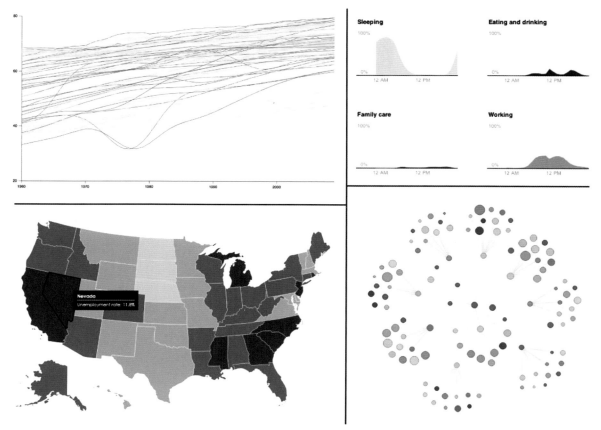

图 7—6    **用 JavaScript 制作的图表**

**小贴士：** 如果再引入交互和动画会更有趣。R 语言针对的是静态图形，而使用支持 JavaScript 的浏览器又是另一回事了。

以前各种浏览器对 JavaScript 的支持不尽一致，然而在现有的浏览器，比如 FireFox、Safari 和 Google Chrome（Internet Explorer 也在跟进）中，你都能找到相应功能来制作在线的交互式可视化效果。

如果你看到的数据是在线的、可交互式的，那么很可能作者就是用 JavaScript 制作的。学习 JavaScript 可以从零起步，不过有一些可视化库会给你带来不少便利：

■    Data—Driven Documents（D3），http://d3js.org/：对可视化来说，它就算不是最流行的 JavaScript 库，也是最流行的库之一。它由麦克·博斯托克创建，目前仍在活跃的开发中。

关于 D3，有大量的例子可供参考，还有一个逐渐壮大的社区供你寻求帮助。

- Raphaël，http://raphaeljs.com/：不像 D3 那么以数据为中心，但它是轻量级的，使用它在浏览器中画矢量图简单省事。

- JavaScript InfoVis Toolkit，http://philogb.github.com/jit/：它的文档和示例不如前面两个丰富，但用来起步也足够了。

这些是主要的库，另外还有一些专用库能帮你处理特定类型的数据。你只需要输入感兴趣的可视化技术，再跟一个"JavaScript"关键字，搜一下，应该很快就能找到答案。

## Processing

Processing 原本是为美工设计的，它是一种开源的编程语言，基于素描本（sketchbook）这一隐喻来编写代码。如果你是编程新手，Processing 将是个不错的出发点，因为用 Processing 只需要几行代码就能实现非常有用的功能。此外，它还有大量的示例、库、图书以及一个提供帮助的巨大社区，这一切都让 Processing 引人注目。

> **小贴士：** Processing 程序将编译成 Java 小应用程序（Java applet），不过这里也有一个 JavaScript 版本的 Processing：http://processingjs.org/。关于 Processing 更多的信息请参考：http://processing.org/。

## Flash 和 ActionScript

这个解决方案已经过时了，但大多数电脑都安装了 Flash，因此现在通过 Flash 和 ActionScript 来把数据可视化并不显得很古怪。然而，对于在线应用来说，技术的趋势似乎还是要从 Flash 身上移走。因此，如果你是可视化和编程方面的新手，也可以从 JavaScript 入手。如果你想尝试一下 ActionScript，那就到这里去下载 Flare 吧：http://flare.prefuse.org/。

## Python

Python 是一款通用的编程语言，它原本并不是针对图形设计的，但还是被广泛地应用于数据处理和 web 应用。因此，如果你已经熟悉了这门语言，通过它来可视化探索数据就是合情合理的。尽管 Python 在可视化方面的支持并不全面，但你还是可以从 matplotlib（http://matplotlib.org/）入手，这是个很好的起点。关于 Python 更多的信息请参考：http://python.org。

### PHP

和 Python 一样，PHP 也是比 R 语言和 Processing 应用更为广泛的编程语言。虽然 PHP 主要用于 web 编程，但正因为大多数 web 服务器都已经安装了 PHP，就不必操心安装这一步了。PHP 还有图形库，这意味着你可以把它应用于数据的可视化。基本上，只要能加载数据并基于数据画图，你就可以创建视觉数据。更多信息请参考：http://us.php.net/gd。

## 插图工具

光彩鲜艳的静态图形，尤其是报纸和杂志上常见的那种图形，极有可能是经过插图软件处理的。Adobe Illustrator 是最为流行的插图软件，但对不经常使用它或者只想将图表润色一下的人们来说，它的价格有点高。Inkscape 则是一款开源的替代品，尽管不如 Illustrator 好用，也足够完成工作了。

我经常使用 Illustrator，尽管它是针对设计师和美工的，对我来说仍然值得拥有。我的典型工作流程就是用 R 语言创建基础图形，将图表保存为 PDF 文件，然后用 Illustrator 来修改颜色、添加标注，最后再加工一下，让图表尽可能清晰明了。当然，也可以用 R 语言来定制，但我喜欢通过点击、拖拽的方式来变换元素，从而能看到即时的变化。

更多信息参考以下网址：

- Adobe Illustrator：http://www.adobe.com/products/illustrator.html。
- Inkscape：http://inkscape.org。

## 数据统计

不管使用什么软件，别忘了你的目的是理解数据。如果是针对广大读者设计可视化图表，则是帮助他人理解数据。通过可视化，你可以获得大量的信息，大多数时候，这也足以让你明白数据在说什么。

然而，数据在规模、维度和粒度方面变得过于复杂时，可视化对你的帮助也是有限的。毕竟，屏幕上的像素就这么多，最终会变得不够用。正如哈德利·威克姆（Hadley Wickham）所说："可视化终将受限于你能输出到屏幕上的像素数量。如果数据量很大，你所拥有的数据远远超出像素总数，这时你就不得不对数据进行归纳汇总。对于这种需求，统计学提供了大量真正有用的工具。"

当我对人们说自己是一名统计分析师时，大家的本能反应就是告诉我他们对大学里的统计学导论课程有多么憎恨。当"假设检验"、"贝尔曲线"这类概念从脑海中掠过时，是不是眼珠子都要转出来了？请相信我，统计学绝不仅仅是这些东西。最起码，关于数据说明的问题，以及如何从文本文件和数据库的一堆数字中筛选出有用信息，统计学就提供了更宽阔的视角。统计学还有助于处理稀疏和损毁的数据。掌握它，你的口袋里便又多了一种工具。

大部分学校都设有统计学课程，一些开放教育资源中也有相应的课程：

- Coursera：https://www.coursera.org/。
- Udacity：http://www.udacity.com/。

# 结　语

# 可视化设计，若烹小鲜

大二之前的那个夏天，我学会了烹饪。之前我知道怎样煮白米饭——在亚洲，连小孩子都会，也知道怎样用微波炉加热一些冷冻食品。大一那年，我靠着食堂的饭菜，还有无限量供应的土豆泥、软冰激凌才活了下来，因此妈妈担心我下一年搬到公寓后会没有东西吃。我每天的时间表也是围绕着吃饭时间打转，所以，不用说，我很渴望学会做饭。

那个夏天，每天晚上我都在厨房里站在妈妈旁边，她会演示各种厨艺，然后我再模仿她。我学会了使用炒锅，控制火候，提前准备食材。结果，每个回合下来，我都奇迹般地做出了还不错的饭菜。

学习做饭的第一周，我仔细观察了妈妈手中锅铲的运动，把各种调料的比例，以及放餐具装盘子的方式都记在了笔记本里。一切都努力照着妈妈的演示去做。对于妈妈计划教我的那几道菜，这种方法很有效。所有东西都摆在眼前，妈妈可以清晰地解释每一步。

然后就轮到我自己做饭吃了。我查阅菜谱，有些食材冰箱里有，有些则需要去商店买。借助量杯、食匙和计时器这些工具，我照着每份菜谱规定的时间和食材量来做饭。

照着做过的菜谱越来越多，我渐渐明白了哪些调料合在一起味道好或不好，什么时候"勺"指的是"大约一到三勺，根据锅里的菜而定"。更重要的是，我渐渐明白了为什么有那么多菜谱最后都说"按个人口味适量"。对于调料的用量，为什么没有人直接告诉我准确的数字？因为用量因菜的不同而不同，哪怕是两次做同一道菜。

这种微小的变化，能让食物美味可口，也可能会让食物味道欠佳，甚至难以下咽。这种微小的变化在烹饪的整个过程中时时都会发生，所有变化加在一起，就是为什么你会对城市某家饭馆的菜肴如此钟爱的原因了。

学习如何将数据可视化也是一样。最初你会学到一般性的原则和建议，开始时你可以严格遵循这些原则和建议。随着处理的数据越来越多，得到的结果也会越来越多，你会根据自己所拥有的、所看到的来做出变化和调整。这种变化和调整就是卓越的视觉效果能够与众不同的原因。

你的目标是做到取出任何食材——数据，你都能明白它代表了什么。对自己的数据理解得越深，就能帮助他人理解得越深。数据可视化就是这样变得有价值的。

# 译者后记

对我来说，翻译一本书是一项巨大的工程，需要很多的毅力、耐力和体力。完成一本书的翻译之后，往往有精疲力尽之感，于是总是发誓不再手痒。但有些好书就是让人欲罢不能。《数据之美》就是一本让我好了伤疤忘了痛的书。

《数据之美》是邱南森继《鲜活的数据》之后推出的又一力作。两本书堪称姊妹篇。《鲜活的数据》涉及编程的内容，偏技术性。《数据之美》的重点则在于讲述理解、探索数据并将数据可视化的过程。作为本书的译者，我从中受益匪浅。

在作者看来，可视化不仅仅是一种工具，更是一种媒介，向我们传递着数据的意义及其背后的故事。他循序渐进、深入浅出地道出了数据可视化的步骤和思想。通过本书我们可以知道如何理解数据，如何探索数据的模式和寻找数据间的关联，如何选择合适的可视化方式，以及有哪些我们可以利用的可视化工具以及这些工具各有怎样的利弊。我们也能学会如何权衡利弊，将这些工具结合起来，将优势发挥到极致，最大化帮助我们挖掘数字背后的信息，让数据开口说话。作者给我们提供了丰富的可视化信息以及查看、探索数据的多元视角，无疑丰富了我们对于数据、对于可视化的认知。

身处大数据的浪潮中，我们也读了不少布道的书，我们激情澎湃，希望能一试身手。但捧起专业书籍后，我们总是发现，编程知识和数学知识的欠缺成了最大的拦路虎。不用气馁，这本书告诉你，不需要成为编程高手，也不需要精通复杂的数学公式，只要热爱数据、对数据敏感，你就可以从中发现广阔的天地。数据中有无数有趣的东西等你来挖掘。

感谢出版社给了我翻译这本书的机会，感谢编辑老师的帮助，与你们的合作也让我受益良多。感谢王江平、郭雪和王敬群为本书翻译所作出的努力。同时还有很多网友也给了我无私的帮助，使我在困惑中能够豁然开朗，在此一并致谢。读者如有任何批评、意见，都可以发邮件给我（ericnomail@gmail.com）。非常感谢。

张伸

**图书在版编目（CIP）数据**

数据之美：一本书学会可视化设计/（美）邱南森著；张伸译.—北京：中国人民大学出版社，2013.12

ISBN 978-7-300-18612-2

Ⅰ.①数…　Ⅱ.①邱…　②张…　Ⅲ.①数据处理　Ⅳ.①TP274

中国版本图书馆 CIP 数据核字（2013）第313017号

**数据之美：一本书学会可视化设计**

［美］邱南森　著

张　伸　译

Shuju zhi Mei: Yi Ben Shu Xuehui Keshihua Sheji

| | | | |
|---|---|---|---|
| **出版发行** | 中国人民大学出版社 | | |
| **社　　址** | 北京中关村大街31号 | **邮政编码** | 100080 |
| **电　　话** | 010-62511242（总编室） | 010-62511398（质管部） | |
| | 010-82501766（邮购部） | 010-62514148（门市部） | |
| | 010-62515195（发行公司） | 010-62515275（盗版举报） | |
| **网　　址** | http:// www. crup. com. cn | | |
| | http:// www. ttrnet. com.（人大教研网） | | |
| **经　　销** | 新华书店 | | |
| **印　　刷** | 天津中印联印务有限公司 | | |
| **规　　格** | 185 mm × 230 mm　16开本 | **版　　次** | 2014年2月第1版 |
| **印　　张** | 17.75　插页1 | **印　　次** | 2023年4月第16次印刷 |
| **字　　数** | 308 000 | **定　　价** | 89.00元 |